Die neue Mitarbeiterführung

Führen als Coach

Stefan Hölscher

C.H.BECK

So nutzen Sie dieses Buch

Die folgenden Elemente erleichtern Ihnen die Orientierung im Buch:

Beispiele

Die Beispiele illustrieren das Gesagte.

Definitionen

Hier werden Begriffe kurz und prägnant erklärt.

! Hier finden Sie nützliche Tipps und Empfehlungen.

Checkliste

✓ Die Listen fassen wichtige Punkte für Sie zusammen.

Auf den Punkt gebracht

Am Ende der Hauptkapitel ist das Wichtigste noch einmal zusammengefasst.

Inhalt

Die neue Mitarbeiterführung

Als Führungskraft bekommt man heutzutage leicht den Eindruck, nichts weniger als die Quadratur des Kreises bewerkstelligen zu müssen – und das ständig. Dass extrem hochgesteckte operative Ziele mit nur geringen Personalressourcen zu erreichen sind, kann dabei schon als Standard gelten. Parallel zur operativen Höchstleistung sollen aber zumeist auch noch knackige Veränderungen bezogen auf Struktur, Rollen, Prozesse oder gelebte Kultur umgesetzt werden. Und natürlich sollen, während all das geschieht, nicht nur die externen und internen Kunden und die Anteilseigner, sondern ebenso auch die Mitarbeiter möglichst fortwährend große Begeisterung zeigen. Zufriedenheit reicht nicht. Auch sollen die Mitarbeiter alle wichtigen Aufgaben – also im Klartext *alle* Aufgaben – bravourös erledigen, möglichst ohne Überstunden, selbstverständlich mit höchster Motivation und Identifikation für ihre Arbeit und die Firma, aber gleichzeitig auch so, dass möglichst jeder kerngesund bleibt und sich die ganze Zeit über in bester Work-Life-Balance befindet. Für all dies und noch viel mehr ist die Führungskraft zuständig, die bei all dem nicht nur in Bezug auf die geforderte Höchstleistung, sondern auch in Bezug auf Ausgeglichenheit, Optimismus und gute Laune als strahlendes Vorbild voranzugehen hat.

Eine absurde Situation? So könnte man sie betrachten und angesichts der offenkundigen Unerfüllbarkeit der Forderungen in ihrer Gesamtheit in eine Art Fatalismus verfallen. Ihnen, lieber Leser, unterstelle ich aber eine andere Haltung, nämlich die, dass Sie – auch wenn die Anforderungen in Ihrem beruflichen Umfeld mehr als sportlich und wahrlich nicht spannungs- und widerspruchsfrei sind – das Beste aus Ihrer Rolle als Führungskraft machen wollen, und zwar für die Organisation, Ihre Mitarbeiter, sonstige Beteiligte und auch für sich selbst. Dazu ist nun allerdings eine besondere Art des Führens nötig, kein Wundermittel – die sind selten oder haben neue Absurditäten zur Folge –, aber eine Art des Führens, die die Chance auf eine konstruktive und vertrauensvolle Zusammenarbeit maximiert. Das bedeutet: Statt sich gegenseitig auszubremsen, sich ängstlich vor dem jeweils anderen zu schützen und sich voneinander abzugrenzen, sollte man sich gegenseitig unterstützen, das Beste aus sich und den anderen herausholen und sich auch in schwierigen Situationen aufeinander verlassen können. Anders gesagt: Es geht darum, die im Team vorhandenen „PS" möglichst kraftvoll, zielgerichtet und unblockiert auf die Straße zu bringen.

Beste Chancen auf konstruktive Zusammenarbeit	
Führungserfolg setzt voraus, dass …	
ein möglichst hohes Vertrauen zwischen Führungskraft, Mitarbeitern und im Team insgesamt besteht.	
die Potenziale der Mitarbeiter und des Teams möglichst intensiv aktiviert und entfaltet werden.	
persönliche Schwierigkeiten, Grenzen und Barrieren möglichst offen und konstruktiv besprochen werden.	
gemeinsam zielführende Vorgehensweisen entwickelt, erprobt und immer weiter verbessert werden.	
Rückmeldungen als positive Bestärkung und Lernchance im Alltag von möglichst vielen aktiv genutzt werden.	
eine Atmosphäre von konstruktivem und unterstützendem Miteinander besteht.	

Am ehesten erreichen lässt sich all dies, wenn die Führungskraft ihren Mitarbeitern gegenüber als effektiver Coach agiert. So gängig dabei der Ausdruck „meine Mitarbeiter coachen" ist, so wenig hat das, was in diesem Zusammenhang passiert, zumeist tatsächlich mit Coaching zu tun. Mitarbeitern schnell ein paar aus Sicht des Chefs gute Tipps zu geben, sie mit freundlichem oder auch offensiverem Nachdruck in eine bestimmte Handlungsrichtung zu drängen oder sie beständig mit administrativer Genauigkeit auf die Erfüllung bestimmter Ziele hin zu kontrollieren, mag aus unterschiedlichen Gründen nachvollziehbares Führungshandeln sein – um echtes Coaching handelt es sich dabei aber nicht.

Führen als Coach bringt gegenüber herkömmlicher Führung etwas signifikant Neues ins Spiel. Es entstehen andere Qualitäten von Austausch, Dialog, Reflexion und Lernen – Qualitäten, die es ermöglichen, Potenziale zu entfalten, Barrieren zu überwinden und über Grenzen hinauszukommen – auch da, wo dies bislang kaum möglich erschien.

Lassen Sie uns betrachten, was nötig ist, damit ein solcher Führungsstil lebendig werden kann, und was Sie als Führungskraft tun können und sollten, um Ihre Mitarbeiter wirksam und nachhaltig zu coachen. Das Erste, worum es dabei geht, ist, sich bewusst zu machen, was überhaupt das Besondere daran ist, als Chef die eigenen Mitarbeiter coachen.

Was ist Chef-Mitarbeiter-Coaching?

Das Wort „Coaching" wird heutzutage im Zusammenhang mit Führung inflationär verwendet. Ich habe Führungskräfte erlebt, die in Situationen, in denen sie Mitarbeiter scharf zurechtgewiesen oder an die ganz kurze Leine genommen haben, davon gesprochen haben, dass sie die betreffende Person nun gecoacht hätten. Klar ist: Nicht alles, was eine Führungskraft tut, lässt sich ernsthaft als „coachen" beschreiben. Eine Führungskraft, die einem Mitarbeiter eine Anweisung gibt, die ein Verhalten eines Mitarbeiters sanktioniert oder die Ergebnisse ihrer Einheit präsentiert, tut etwas anderes als coachen und wird in aller Regel von ihren Mitarbeitern in solchen Momenten auch nicht als Coach erlebt. Gleichzeitig gehören derlei Handlungen eindeutig zu dem, was eine Führungskraft tun muss.

Führungskräfte sind also niemals ausschließlich Coaches ihrer Mitarbeiter. Offensichtlich sind Führungskräfte in sehr unterschiedlichen Rollen gefragt: als Entscheider, Informationsgeber, Stratege, Rahmengestalter, Kontrolleur, Moderator, Personalentwickler, Zuhörer, Feedbackgeber etc. Die Kunst der Führung besteht ja – so könnte man sagen – gerade darin, die verschiedenen Rollen gleichermaßen kraftvoll einnehmen und situativ angemessen ausbalancieren zu können.

Die Rolle als Coach betrifft also nur einen Ausschnitt aus dem bunten Rollenmix für Führungskräfte – allerdings einen entscheidenden; denn wenn eine Führungskraft in der Lage ist, effektiv als Coach zu fungieren, ändert das auch die Art und Weise, wie die Führungskraft andere Rollen ausübt und wie sie von ihren Mitarbeitern in diesen Rollen wahrgenommen wird. Führen als Coach strahlt gleichsam auf das gesamte Führungsgeschehen aus, und das hat mit der besonderen Qualität zu tun, die durch echtes Coaching ins Spiel kommt.

Coaching ist partnerschaftlich

Das Rollenverhältnis zwischen Chef und Mitarbeiter ist per se ein asymmetrisches. Ein Chef kann gegenüber einem Mitarbeiter Dinge anweisen, einfordern, bewerten, sanktionieren etc., wie es ein Mitarbeiter umgekehrt nicht in gleicher Weise dem Chef gegenüber tun kann. Diese rollenbedingte Asymmetrie kennzeichnet – unabhängig von der Qualität der jeweiligen persönlichen Beziehung – das Chef-Mitarbeiter-Verhältnis an sich. Im Coaching passiert nun aber etwas fundamental anderes.

Coaching

Coaching ist eine aktivierende Hilfe zur effektiven Selbsthilfe. Der Coach unterstützt den Coachee, für die gemeinsam fokussierten Herausforderungen bestmögliche eigene Lösungen zu finden. Dabei agiert der Coach als Sparringspartner, der dem Coachee vor allem durch Zuhören, Fragen, Feedback und Reflexionsimpulse hilft, seine eigenen Fähigkeiten und Ideen möglichst optimal im Hinblick auf die Lösungsfindung zu entfalten.

Im Coaching begegnen Sie als Chef einem Mitarbeiter also gerade nicht als Anweisender, Rahmensetzender, Sanktionierender, Kontrollierender, Besser-Informierter, sondern als Gesprächspartner auf gleicher Augenhöhe. Eine absolut „gleiche Augenhöhe" wird dabei kaum zu erwarten sein, denn weder vergisst Ihr Mitarbeiter, dass Sie ihm hier als sein Chef gegenübersitzen, noch sollten Sie vergessen, dass Sie hier – auch wenn Sie gerade als Sparringspartner tätig sind – eine Führungsfunktion wahrnehmen.

Vollkommen ausreichend für wirksames Coaching ist eine annähernd gleiche Augenhöhe zwischen coachendem Chef und gecoachtem Mitarbeiter. Die allerdings braucht es auf jeden Fall, denn wenn ein Mitarbeiter die Situation als deutlich hierarchiegeprägt wahrnimmt, besteht das Risiko, dass er sich nur sehr zurückhaltend oder taktisch äußert und z. B. Ängste, Zweifel, persönliche Probleme oder andere Dinge, bei denen er nicht weiß, wie sie bei seinem Chef ankommen, nur sehr indirekt oder gar nicht anspricht. Ferner besteht das Risiko, dass der Mitarbeiter zwar nach außen „ordentlich" mitspielt, innerlich aber von einzelnen Punkten, die der Chef offenbar favorisiert, oder vom Ganzen wenig überzeugt ist und entsprechend gebremst mitwirkt.

Nicht selten vereitelt aber genau dieses durch die Hierarchie bedingte Taktieren und Bremsen den Erfolg vieler Bemühungen fundamental. Und dies liegt besonders an den Situationen und Kontexten, in denen ein Coaching sinnvoll ist. Wenn man es einfach mit irgendwelchen Standardproblemen zu tun hat, für die die Beteiligten auch Standardlösungen im Repertoire haben, muss man nicht coachen. Coachen ist dann angesagt, wenn Menschen mit ihren Handlungsmustern und Strategien an Grenzen stoßen, über die sie selbst nicht einfach hinwegkommen, wenn es also gilt, Barrieren zu überwinden und neue, bisher unvertraute Haltungen und Verhaltensweisen ins Spiel zu bringen. Wenn Chefs mit ihren Mitarbeitern in solchen Situationen zu wirksamen Klärungen und Veränderungen kommen wollen, ist ein hohes Maß an

Vertrauen und Offenheit nötig. Und dafür wiederum braucht es eine partnerschaftliche Begegnung.

! Coaching braucht ein möglichst partnerschaftliches Verhältnis zwischen Coach und Coachee, damit der Coachee das Vertrauen hat, dass er auch sensible Punkte, die für ihn in der jeweiligen Situation relevant sind (z. B. Ängste, Zweifel, persönliche Probleme etc.) offen ansprechen kann.

Aufs engste damit verbunden ist der folgende Punkt: Es geht nicht darum, den Mitarbeiter mehr oder weniger subtil zu einem bestimmten Verhalten hin zu manipulieren, sodass der Mitarbeiter quasi wie eine Marionette bestimmte Dinge tut, die der Chef von ihm erwartet, obwohl er sie gar nicht nachvollziehen und für sich als stimmig erleben kann. Solche dem Mitarbeiter übergestülpte Lösungen sind in aller Regel weder effektiv noch nachhaltig – schon gar nicht, wenn es um zentrale Fragen für das Handeln des Mitarbeiters in dessen Aufgabenbereich geht. Eine solche Art von Pseudocoaching – so beliebt sie auch sein mag – bringt vielleicht kurzfristig einen kleinen Effekt, langfristig vergrößert sie aber die Probleme.

Vielmehr sollte der Mitarbeiter darin gestärkt werden, die im Coaching thematisierten Situationen angemessen verstehen, Möglichkeiten und Wirkungen seines Handelns realistisch abschätzen und Strategien für eine stimmige Lösungsfindung und die anschließende Umsetzung selbstständig entwickeln zu können. Eine solche Stärkung der eigenständigen Einsichts-, Lösungs- und Gestaltungsfähigkeit des Mitarbeiters wird natürlich nur dann gelingen, wenn der Chef dem Mitarbeiter so begegnet, dass dieser sich mit seinen Wahrnehmungen, Ideen, Gefühlen, Fähigkeiten und Vorstellungen auch wahr- und ernst genommen fühlt.

> Coaching braucht auch deshalb ein möglichst partnerschaftliches Verhältnis zwischen Coach und Coachee, damit der Coachee in seiner Fähigkeit gestärkt wird, Situationen wie die, die im Fokus der Betrachtung stehen, eigenständig verstehen und angemessen lösen zu können.

Strukturell asymmetrisches Chef-Mitarbeiter-Verhältnis

Näherungsweise partnerschaftliches Verhältnis im Coaching

Abb. 1: Das Chef-Mitarbeiter-Verhältnis

Coaching braucht ein Anliegen

Dieser Punkt ist im Coaching immer zentral, im Falle von Chef-Mitarbeiter-Coaching bedarf er jedoch ganz besonderer Aufmerksamkeit und Sensibilität. Ein Coaching kann es überhaupt nur dann geben, wenn es ein Anliegen gibt, und zwar aufseiten des Coachees. Was heißt das?

Coachinganliegen

Ein Coachinganliegen zu haben, bedeutet, dass der Coachee das Interesse hat, eine für ihn relevante Fragestellung sein eigenes Handeln betreffend mit seinem Gegenüber so zu besprechen, dass er eine möglichst gute Klärung und Lösung dafür entwickeln kann. Der Coachee muss dabei die Bereitschaft mitbringen, sein eigenes Handeln und seine handlungsleitenden Gedanken und Gefühle mit seinem Gegenüber zu betrachten, selbstkritisch zu überdenken und gegebenenfalls zu erweitern bzw. zu verändern.

Ohne Anliegen gibt es kein Coaching – ganz generell nicht. Dies ist eine harte Bedingung. Sie können einen anderen Menschen grundsätzlich nur dann coachen – ganz unabhängig davon, ob dieser Mensch ein Mitarbeiter von Ihnen ist oder irgendeine andere Rolle in Ihrem beruflichen oder privaten Leben spielt –, wenn dieser Mensch das Interesse und die Bereitschaft hat, mit Ihnen als Sparringspartner eine für sein eigenes Handeln wichtige Frage selbstkritisch und veränderungsoffen zu reflektieren.

Sehr oft, um nicht zu sagen extrem oft, fangen Chefs und alle möglichen anderen Leute an, jemanden zu „coachen", obwohl das Gegenüber gar kein Anliegen hat, zum Beispiel weil er keinen Klärungsbedarf verspürt, weil er vielleicht zwar ein Problem sieht, aber überhaupt nicht in seinem eigenen Handeln (sondern dem von anderen Beteiligten), weil er den selbsternannten Coach nicht als solchen für sich akzeptiert oder, oder, oder. In all diesen Fällen ist damit zu rechnen, dass der vermeintliche Coachee, sofern er überhaupt mitspielt, das aufgedrängte Coaching mehr oder weniger freundlich an sich ablaufen lässt. Mit anderen Worten: Es bringt rein gar nichts – außer Unbehaglichkeit auf allen Seiten.

Die Konsequenz daraus ist ebenso einfach wie folgenreich: Es gilt, zwischen Ihnen als potenziellem Coach und Ihrem Mitarbeiter als potenziellem Coachee zu klären, ob es überhaupt ein Anliegen auf seiner Seite gibt, und wenn ja, wie genau es aussieht. Dies muss natürlich zu Beginn geklärt werden – bevor Sie loslegen –, weil sich aus dem Anliegen die Zielrichtung des Coachings ergibt. Je besser geklärt, verstanden und ernst genommen das Anliegen ist, desto effektiver kann Ihr Coaching sein.

Wenn das Coachinggespräch länger dauert oder es zum gleichen Themenschwerpunkt mehrere Gespräche gibt, gilt es allerdings, das Anliegen auch zwischendurch zu überprüfen. Einmal in Hinblick darauf, was bezogen auf das Anliegen schon erreicht worden ist, aber auch in Hinblick darauf, ob sich das Anliegen möglicherweise verändert, erweitert oder noch stärker spezifiziert hat. Und falls das der Fall sein sollte, welche Folgen sich daraus für die gemeinsame Reflexion ergeben. Anliegen sind nicht statisch. Da ein substanzieller Dialog die Sicht auf die Dinge verändern kann, kann sich natürlich auch dadurch ein Anliegen verändern, und dies sollten Sie als Coach gemeinsam mit Ihrem Coachee berücksichtigen.

Im Coaching gilt es nicht nur zu Beginn, sondern auch im weiteren Verlauf immer wieder zu klären, was genau das Anliegen ist, an dem gemeinsam gearbeitet werden soll, was in Hinblick auf das Anliegen schon erreicht ist, ob sich das Anliegen möglicherweise im Laufe der gemeinsamen Arbeit verändert hat und falls ja, welche Auswirkungen das auf die weitere Bearbeitung haben sollte.

Der Blick auf das Anliegen ist für Coaching immer fundamental. Aus zwei Gründen ist er besonders entscheidend, wenn Sie als Chef einen Ihrer Mitarbeiter coachen: Zum einen sind Sie ja eben der Chef, und es kann sein, dass ein Mitarbeiter, den Sie coachen wollen, nach außen zwar mitspielt, weil er mit Ihnen als Chef keine Probleme bekommen möchte. Tatsächlich ist ein solches Mitspielen aber rein taktischer Natur. Der Mitarbeiter lässt sich dabei nicht wirklich ein.

Zum anderen – und dieser Punkt ist mit dem ersten oft gekoppelt – haben Sie als Chef in der Regel selbst Anliegen in Bezug auf Ihre Mitarbeiter. Zum Beispiel denken Sie, dass ein Mitarbeiter ein Coaching von Ihnen gut gebrauchen könnte, um in die Anforderungen einer neuen Rolle besser hineinzuwachsen. Oder Sie haben den Eindruck, dass ein Mitarbeiter bestimmte Aufgaben, Arbeitsabläufe, Gespräche mit Kunden oder Schnittstellenpartnern etc. immer wieder in einer deutlich suboptimalen Weise angeht, sodass er deshalb gecoacht werden sollte. Falls der Mitarbeiter dies ähnlich sieht und bereit ist, mit Ihnen genau daran zu arbeiten, ergibt sich in Hinblick auf das Anliegen vermutlich kein Problem, sondern einfach nur Spezifizierungsbedarf.

Anders sieht es allerdings aus – und dieser Fall ist nicht so selten –, wenn Sie als Chef zwar Coachingbedarf bei einem Ihrer Mitarbeiter sehen, der Mitarbeiter aber für sich nicht, weil er die Ursachen der Probleme ganz woanders verortet oder für ihn gar kein Problem in dieser Angelegenheit vorliegt. In diesem Fall müssen Sie bei dem Mitarbeiter nun erst einmal versuchen, die Einsicht zu erzeugen, dass hier ein für ihn reflexions- und veränderungsbedürftiges Thema vorliegt, an dem es sich für ihn lohnt, mit Ihnen zusammen als Sparringspartner zu arbeiten. Es ist gut, wenn Sie an dieser Stelle Zeit, Energie und Kreativität investieren, denn je weniger der Mitarbeiter diese Einsicht hat, desto wirkungsloser würde Ihr Coaching sein. Zu erreichen, dass eine solche Einsicht bei einem Mitarbeiter entsteht, ist anspruchsvoll. Der Mitarbeiter hat ja seine Gründe, warum er die Dinge anders wahrnimmt und bewertet als Sie, und hierüber sowie natürlich auch über Ihre Sichtweise und die Gründe dafür gilt es, miteinander zu sprechen.

Damit aus einem Gespräch mit einem Ihrer Mitarbeiter ein Coaching werden kann, sollten Sie darauf achten, ob sich im Laufe Ihres Austauschs folgende Fragen mit einem klaren „Ja" beantworten lassen:

Voraussetzungen für ein Coaching	
Hat der Mitarbeiter die Einsicht, dass die Situation für ihn reflexionsbedürftig ist?	
Sieht der Mitarbeiter, dass er durch sein eigenes Handeln die Situation verändern kann?	
Hat der Mitarbeiter eine Motivation, durch sein eigenes Handeln etwas an der Situation zu verbessern?	
Ist der Mitarbeiter bereit, mit Ihnen als Sparringspartner an dem Thema, über das Sie sprechen, zu arbeiten?	

Nicht nach jedem Gespräch und schon gar nicht, wenn die Sichtweisen von Chef und Mitarbeiter weit auseinander liegen, werden die aufgeführten Voraussetzungen erfüllt sein. Sind sie es nicht, können Sie, wenn Sie auf dem Weg des Coachens bleiben möchten, noch Folgendes tun:

- Sie versuchen, durch weitere Gespräche mit dem Mitarbeiter ein hinreichend übereinstimmendes Situationsverständnis und damit eine größere Coachingmotivation bei ihm zu erreichen. Dabei können Sie auch relevante Drittperspektiven einbeziehen, wie zum Beispiel Feedback von Kunden, Schnittstellenpartnern oder anderen wichtigen Beteiligten, um die Situationseinschätzung seitens des Mitarbeiters womöglich zu verändern.
- Obwohl der Mitarbeiter noch kein klares Anliegen für ein Coaching mit Ihnen hat, verständigen Sie sich darauf, dass Sie quasi als Versuch das entsprechende Thema gemeinsam weiter reflektieren und dann sehen, ob Sie dabei etwas Fruchtbares erreichen. Der Mitarbeiter sollte zu dieser Art Versuch aber ernsthaft bereit sein. Wenn Sie einen solchen Weg gehen, müssen Sie dann nach einiger Zeit – idealerweise gemeinsam – überprüfen, ob Sie wirklich zur fraglichen Thematik nennenswert weiterkommen. Wenn ja, braucht es eine Schärfung des Anliegens. Wenn nein, sollten Sie diesen Weg bald wieder verlassen.

! Versuchen Sie, wenn Sie das Verhalten eines Mitarbeiters als coachingbedürftig ansehen, der Mitarbeiter aber kein Coachinganliegen ausdrückt, sich in die Lage des Mitarbeiters hineinzuversetzen, seine Werte und Wünsche zu verstehen, und stellen Sie sich die Frage: Was könnte es aus Sicht des Mitarbeiters attraktiv machen, sein Verhalten zu überdenken und in gewisser Weise zu verändern? Denken Sie dabei daran, dass nicht alles, was Sie motiviert, in gleicher Weise auch Ihre Mitarbeiter motiviert. Nur wenn auch der Mitarbeiter zu der Einschätzung kommt, dass es sich für ihn lohnt, sein Verhalten zu überdenken und gegebenenfalls zu ändern, gibt es eine Chance für ein Coaching zu dem betreffenden Thema.

Coaching ist die Kunst des Fragens und Zuhörens

Wie wir gesehen haben, ist Coaching eine aktivierende Hilfe zur effektiven Selbsthilfe. Wenn Sie als Chef einen Ihrer Mitarbeiter coachen, unterstützen Sie ihn darin, unter für ihn herausfordernden Bedingungen seine Fähigkeiten so einzusetzen, dass er zu bestmöglichen Ergebnissen kommen kann. Für die Wirksamkeit einer solchen Unterstützung sind Sie essenziell auf Fragen angewiesen.

Als Coach brauchen Sie Fragen, um zusammen mit Ihrem Coachee verstehen zu können, wie eigentlich die Situation ist, was genau die Schwierigkeiten und Hürden sind und was sie wohl verursacht. All dies ist keineswegs trivial; sonst bräuchte es gar kein Coaching. Schon beim Verständnis der Situation gilt es, verschiedene Aspekte und Perspektiven zu berücksichtigen, um zu einem angemessenen und gemeinsamen Bild der Situation zu kommen. Noch anspruchsvoller ist in aller Regel die Frage, was genau die Schwierigkeiten ausmacht und woher diese rühren. Hier geht es faktisch immer darum, auch auf die Ebene von Annahmen, Gefühlen, Wünschen und Werten zu kommen, um zu verstehen, wie sich diese auf unterschiedliche Handlungen und unterschiedliche Handlungsresultate auswirken.

Fragen brauchen Sie im Coaching aber auch, um möglichst zielführende Optionen auszuloten: Was hat der Coachee zur Lösung der Situation bislang schon unternommen und welche guten und weniger guten Erfahrungen hat er dabei gemacht? Welche Änderungen in Vorgehensweisen, Prozessen oder Kontextbedingungen sind vorstellbar? Über welche modifizierten Annahmen, Sichtweisen oder emotionalen Einstellungen des Coachees bezogen auf die fokussierte Thematik lohnt es sich nachzudenken? Welche Unterstützung durch Dritte – Kollegen, Schnittstellenpartner etc. – kommt in Betracht? Welche Voraussetzungen sind mit diesen verschiedenen Konstellationen verbunden? Welche Effekte wären wohl jeweils zu erwarten? Welche Vor- und welche Nachteile? Wie würden sich welche Änderungen wohl auf die Situation des Coachees insgesamt auswirken?

Solche und ähnliche Fragen gilt es, miteinander zu besprechen, damit der Coachee möglichst effektive Hebel zu greifen bekommt, um die im Fokus stehenden Herausforderungen erfolgreich bewältigen zu können. Die Fragen des Coachs sind dabei – jedenfalls ganz überwiegend – nicht die Fragen eines Lehrers, der die „richtige" Antwort selbst schon kennt und den Schüler nur noch dahin bewegen will, sie auch zu entdecken. Ebenso wenig sind die Fragen des Coachs die Fragen eines Experten, der von seinem Gegenüber einige Informationen zur Sachlage benötigt, um dann die „richtige" Diagnose und Handlungsempfehlung abgeben zu können.

Fragen im Coaching sind hauptsächlich echte Fragen, um die jeweiligen Herausforderungen für den Coachee möglichst gut verstehen und bestmögliche Ansatzpunkte für einen erfolgreichen Umgang damit finden zu können. Je besser Sie als Coach fragen und natürlich auch zuhören, desto größer ist die Chance, dass Sie Ihren Mitarbeiter durch das Coaching wirksam unterstützen werden.

> Fragen dienen dazu, gemeinsam wichtige Zusammenhänge in einer herausfordernden Situation zu verstehen und hilfreiche Ansatzpunkte für ein möglichst effektives Handeln des Coachees zu erarbeiten.

Es sind vor allem zwei Faktoren, die hilfreiches Fragen und Zuhören in der Choachingpraxis vereiteln. Zum einen Zeitdruck: Chefs haben immer viele Themen gleichzeitig und unter hoher terminlicher Anspannung zu verfolgen. Der Zeitdruck führt daher oft dazu, dass coachende Chefs nur recht oberflächlich nachfragen, nur schematisch zuhören und subtilere verbale und erst recht nonverbale Botschaften nur sehr eingeschränkt wahrnehmen. Zum anderen Fachwissen: Viele Chefs waren oder sind oft selbst Experten für das, was ihre Mitarbeiter tun. Sie kennen Rolle, Aufgaben und Themen ihrer Mitarbeiter aus eigener zurückliegender oder aktueller Erfahrung. Je besser man aber die Situation des anderen zu kennen glaubt, desto schneller hat man eine Antwort parat nach dem Motto: „Ich weiß genau, wovon du sprichst, woran es hängt und was man da tun muss. Also …"

Im Ergebnis führen sowohl der empfundene Zeitdruck als auch das Fachwissen des Chefs oft dazu, dass zu wenig gefragt und zugehört und viel zu schnell geantwortet wird. Angebotene Lösungen passen nicht optimal, und vor allem werden die Fähigkeiten des Mitarbeiters zur eigenständigen Lösungsfindung nur rudimentär aktiviert. Ein solches „Coaching" ist kein Coaching, sondern der mehr oder weniger gelingende Versuch einer kurzfristigen Symptombehandlung.

> **!** Machen Sie sich immer wieder klar, dass Sie als Coach weder der Lehrer Ihres Mitarbeiters noch der Oberexperte sind für das, was der Mitarbeiter tut. Schauen Sie auf das, was anders ist, als Sie es kennen, selbst erfahren haben und bisher vermuteten. Seien Sie neugierig und nehmen Sie sich Zeit zum intensiven gemeinsamen Erkunden. Stellen Sie Fragen, um besser zu verstehen und Möglichkeiten auszuloten, und nehmen Sie achtsam wahr, was Ihr Mitarbeiter verbal und nonverbal mitteilt. So haben Sie die größte Chance, die Fähigkeiten und kreativen Ideen Ihres Mitarbeiters zur erfolgreichen Bewältigung der jeweiligen Herausforderungen bestmöglich anzuregen.

Man kann sagen: Gutes Coaching ist vor allem die Kunst des guten Fragens. Das bedeutet allerdings nicht im Umkehrschluss, dass Sie als coachender Chef keine eigenen Erfahrungen, Vorstellungen, Hypothesen oder Ideen ins Spiel bringen dürfen. Natürlich dürfen Sie das. Zumeist ergibt es auch mehr Sinn, diese Dinge anzusprechen als darauf sitzen zu bleiben. Allerdings: Der Schwerpunkt Ihrer Aktivität als Coach besteht im erkundenden Fragen und Zuhören. Und wenn Sie eigene Erfahrungen, Tipps, Ideen etc. bringen, so haben die, da sie ja als Sparringspartner auf gleicher Augenhöhe agieren, einen besonderen Stellenwert:

> Ein coachender Chef kann neben Zuhören und Fragen durchaus auch relevante eigene Eindrücke, Erfahrungen, Hypothesen, Ideen etc. zum fokussierten Thema ins Spiel bringen. Allerdings handelt es sich dabei im Coaching immer nur um Angebote, also Möglichkeiten für den Coachee, die mithilfe weiterer Fragen gemeinsam anzuschauen und auf ihre Passung für die Situation des Coachees hin zu prüfen sind.

Coaching ist auf hilfreiches Feedback angewiesen

Ein hilfreiches Feedback zu bekommen, ist gar nicht so einfach. Viele Mitarbeiter klagen darüber, dass sie von ihren Chefs so gut wie gar kein für sie brauchbares oder nur ein negatives oder ein – besonders im Zusammenhang mit Jahresgesprächen – hoch formalisiertes Feedback bekommen. Für Coaching reicht eine solche Art des Umgangs mit Feedback definitiv nicht aus.

Coaching ist auf konkretes, klares, hilfreiches Feedback angewiesen – und zwar in beide Richtungen: für den Coachee wie auch für den Coach. Der coachende Chef muss dem gecoachten Mitarbeiter Feedback dazu geben, wie er die im Fokus stehende Situation wahrnimmt, welche Chancen und Risiken er sieht, wie er das Vorgehen des Mitarbeiters und die von diesem erzielten Resultate einschätzt, welche Handlungsoptionen er sieht etc. Der Chef muss dem Mitarbeiter aber auch Feedback dazu geben, wie er ihn im Coaching erlebt, welche signifikanten Reaktionen, Verhaltensmuster, Emotionen er wahrnimmt, welche für die zu bewältigenden Herausforderungen nutzbaren Stärken, aber auch welche Einseitigkeiten und aus seiner Sicht kritischen Verhaltenstendenzen er beim Mitarbeiter sieht und welche Fortschritte, Entwicklungen, Veränderungen er insgesamt erkennt. Bei allen Feedbackpunkten ist das Ziel, den Mitarbeiter zu unterstützen, und das heißt, das Feedback muss wertschätzend sein – die Situation, die Fähigkeiten, das Engagement des Mitarbeiters wahrnehmend. Das Feedback muss gleichzeitig aber auch klar, konkret und realitätsangemessen sind. Es gilt, der Wirklichkeit ins Auge zu sehen und nicht nett drumherum zu reden.

Vergleichbares gilt auch für das Feedback, das der gecoachte Mitarbeiter seinem Chef geben sollte: Wie erlebt er die infrage stehende Situation, wie das bisherige Handeln seines Chefs dabei und die Unterstützung durch ihn, was braucht und erwartet der Mitarbeiter von seinem Chef, was befürchtet er gegebenenfalls; wie erlebt er das bisherige Coaching, was ist für ihn besonders hilfreich, was weniger, welche Entwicklungen und gegebenenfalls Veränderungen nimmt er wahr?

! Chef-Mitarbeiter-Coaching wird umso wirksamer sein, je systematischer wertschätzendes, konkretes, realistisches, klares und den anderen unterstützendes Feedback genutzt wird – vom Chef zum Mitarbeiter wie auch vom Mitarbeiter zum Chef. Das Feedback sollte sich dabei auf alle für das Thema relevanten Aspekte beziehen: Einschätzungen zur Situation, zum Handeln des anderen, zu Wünschen, Erwartungen, Befürchtungen, zu wahrgenommenen Entwicklungen und Veränderungen sowie zum Prozess des Coachings.

Coaching findet systematisch und mitten im Alltag statt

Der häufigste Fall von Chef-Mitarbeiter-Coaching kommt ganz unspektakulär daher. Mitten im Alltag – in einem Gespräch zu zweit, einem Meeting oder einer Diskussion – zeigt sich ein für einen Ihrer Mitarbeiter besonders herausforderndes, kritisches oder unklares Thema, für das es keine einfache, schnelle oder eindeutige Lösung gibt. Wenn Sie als Chef dem Mitarbeiter jetzt als Sparringspartner vor allem durch Fragen, Zuhören, Feedback geben, das Reflektieren von Annahmen und Zusammenhängen und das gemeinsame Entwickeln von Hypothesen und Ideen helfen, einer stimmigen Lösung näher zu kommen, so findet nichts anderes als Coaching statt: ein Chef-Mitarbeiter-Gespräch mit klaren Coachinganteilen.

Deutlich seltener ist das systematische Coaching eines Mitarbeiters durch den Chef. Systematisch heißt hier, dass der Chef den Mitarbeiter über einen gewissen Zeitraum wiederholt zu Gesprächen trifft, um als Coach mit ihm am selben Thema zu arbeiten. Dies ist natürlich deutlich aufwendiger als eine Coachingsequenz inmitten einer alltäglichen Begegnung. Gleichwohl kann systematisches Chef-Mitarbeiter-Coaching aber nicht nur sinnvoll, sondern sogar nötig sein, wenn nämlich das betreffende Thema längere Entwicklungszeit braucht, wenn es entsprechende Wichtigkeit und Wirkungsstärke besitzt und wenn sowohl der Chef als auch der Mitarbeiter bereit sind, miteinander substanziell und zielgerichtet an diesem Thema in einem Coachingsetting zu arbeiten.

Ob Sie das Ganze dann auch „Coaching" oder gar „systematisches Coaching" nennen, ist zweitrangig. Nach meiner Erfahrung ist es oft sogar sinnvoll – anders als beim Dazukommen eines externen Coachs –, das Wort „Coaching" in der Chef-Mitarbeiter-Beziehung nur sparsam zu verwenden, da es bei vielen Mitarbeitern immer noch mit Assoziationen belegt ist wie: „Habe ich etwas falsch gemacht?", „Soll ich mich also belehren und manipulieren lassen?", „Denkt man hier, ich kann meine Arbeit nicht allein tun?" etc.

> **!** Statt in Chef-Mitarbeiter-Begegnungen von „Coaching" zu sprechen und damit das Ganze mit einem für viele Mitarbeiter ambivalenten Etikett zu versehen, ist es oft günstiger, wenn Sie konkret beschreiben, welche Art von Gespräch und Unterstützung Ihnen vorschwebt und welche Rolle Sie gegenüber dem Mitarbeiter und bei der Problemlösung einnehmen wollen. Sie brauchen dann gar kein besonderes Etikett zu verwenden, sondern können zum Beispiel einfach sagen, dass Sie „als Sparringspartner" mit dem Mitarbeiter an dem Thema arbeiten und ihn „vor allem durch Fragen, Zuhören, Feedback und gemeinsames Analysieren unterstützen wollen, wichtige Fragen zu klären und möglichst passende Lösungen zu finden."

Egal wie Sie das Ganze am Ende nennen, entscheidend ist auf jeden Fall, dass Sie als Chef, wenn Sie einen Ihrer Mitarbeiter coachen wollen – sei es mitten im Alltag oder in einer systematischen Gesprächssequenz – ein klares Bewusstsein dafür haben, dass Sie jetzt dem Mitarbeiter in einer deutlich anderen Rolle begegnen als in der herkömmlichen Chef-Mitarbeiter-Beziehung und dass diese Rolle bestimmte Qualitäten in der Gesprächsführung erfordert: nicht belehren, nicht anweisen, sondern fragen, zuhören, unterstützendes Feedback geben, Zusammenhänge und Optionen gemeinsam erkunden, den Mitarbeiter in seiner eigenen Gestaltungsfähigkeit stärken etc.

Auf den Punkt gebracht

Chef-Mitarbeiter-Coaching ist eine aktivierende Hilfe zur effektiven Selbsthilfe. Als Coach unterstützen Sie einen Ihrer Mitarbeiter

- in einer herausfordernden und schwierigen Situation,
- als Sparringspartner auf etwa gleicher Augenhöhe,
- auf der Basis eines Anliegens,
- vor allem durch Zuhören, Fragen, Feedback geben und gemeinsames Erkunden von Zusammenhängen und Möglichkeiten,
- mit dem Ziel, die Fähigkeiten, Ideen und Motivation Ihres Mitarbeiters zu aktivieren,

sodass dieser zu bestmöglichen eigenen Lösungen findet.

Welche Voraussetzungen brauchen Sie in Ihrer Führungskultur?

Wirksames Chef-Mitarbeiter-Coaching ist nichts, was sich auf Knopfdruck anknipsen ließe. Sie brauchen dafür kulturelle Voraussetzungen, die überhaupt erst den Boden dafür bieten, mit Mitarbeitern die Art von Gesprächsqualität zu erreichen, die echtes Coaching ausmacht. Grundlegend sind dafür v. a. zwei Faktoren:

- Sie brauchen eine von Wertschätzung und Vertrauen geprägte Führungs- und Teamkultur.
- Sie brauchen eine konstruktive und lebendige Feedbackkultur.

Lassen Sie uns näher betrachten, was diese Voraussetzungen im Einzelnen bedeuten und was Sie tun können, um sie zu schaffen und weiterzuentwickeln.

Coaching erfordert eine Wertschätzungs- und Vertrauenskultur

Im Coaching geht es darum, einen anderen Menschen darin zu unterstützen, in einer für ihn herausfordernden Situation innere und äußere Hürden erfolgreich zu überwinden und die eigenen „PS" möglichst ungehindert „auf die Straße zu bringen". Egal wie die Thematik im Einzelnen aussieht: Solche Themen haben immer auch einen stark persönlichen Bezug, da individuelle Stärken und Schwächen, innere Annahmen, Einstellungen, Zweifel, Gefühle, Wünsche, Bedürfnisse etc. dabei eine wichtige Rolle spielen. Um hierüber substanziell ins Gespräch zu kommen, braucht es in hohem Maße Offenheit und Vertrauen. Und auf die Idee, Ihnen als Chef das beides entgegenzubringen, werden Mitarbeiter sicher nur dann kommen, wenn sie ein Klima von Wertschätzung und Vertrauen erleben – im Team generell und ganz besonders im Umgang mit Ihnen als Führungskraft.

Alles, was Sie als Chef tun können, um Wertschätzung und Vertrauen in Ihrem Team zu fördern, fördert also auch die Möglichkeit von wirksamem Coaching. Achten Sie dabei ganz besonders auf die folgenden Punkte.

Kommunizieren Sie offen und transparent

Es geht nicht darum, *alles* zu kommunizieren. Manche Dinge dürfen Sie (noch) nicht sagen, andere brauchen Ihre Leute nicht – zumindest nicht im Detail – zu wissen, da sie vielleicht nur Verwirrung stiften würden oder für Ihre Mitarbeiter schlicht belanglos sind. Worum es allerdings geht, ist, dass Sie die für Ihre Mitarbeiter wichtigen Punkte so transparent wie möglich machen, um ihnen Orientierung und Sicherheit zu geben. Dies gilt zum Beispiel für die verschiedenen zu erreichenden Ziele und deren Hintergründe, die Kriterien Ihrer Beurteilung im Hinblick auf die Qualität der Zielerreichung, Gründe für Veränderungsprozesse und Gründe für wichtige Ereignisse oder Entwicklungen, die Ihre Mitarbeiter beschäftigen bzw. belasten.

Natürlich ist für Sie selbst auch nicht immer alles durchschaubar. So ist das Leben. Sie sollten dann aber zumindest alles in Ihrer Macht Stehende tun, um für sich und Ihre Leute möglichst schnell mehr Transparenz herzustellen, und Sie sollten wiederum transparent machen, dass und wie Sie dies tun.

Nehmen Sie Situationen und die Leistungen Ihrer Mitarbeiter individuell wahr

Der Grund dafür, dass viele Mitarbeiter das Gefühl haben, viel zu wenig brauchbares Feedback und zu wenig Wertschätzung von ihren Chefs zu bekommen, liegt oft darin, dass sie sich gar nicht wirklich wahrgenommen fühlen. Achten Sie darauf, in welchen Situationen sich Ihre Mitarbeiter befinden: Gibt es gerade für Einzelne – im beruflichen oder im privaten Bereich – spezielle Belastungen (z. B. einen massiven Konflikt oder eine Erkrankung) oder besondere positive Ereignisse (z. B. eine Hochzeit oder den erfolgreichen Schulabschluss eines Kindes)? Was beschäftigt, besorgt oder stresst einzelne Ihrer Mitarbeiter immer wieder oder anhaltend? Welche beruflichen oder privaten Aktivitäten sind einem Mitarbeiter offensichtlich außerordentlich wichtig? Welche Bedürfnisse und Ziele sind bei einzelnen Mitarbeitern auffallend? Nehmen Sie solche und ähnliche Dinge achtsam wahr und geben Sie eine persönliche Resonanz dazu. Nehmen Sie insbesondere wahr, wenn ein Mitarbeiter einen außerordentlichen Einsatz oder eine besondere Leistung zeigt, und würdigen Sie ihn dafür, und zwar nicht bloß rhetorisch (das merken Ihre Mitarbeiter und mögen es nicht), sondern authentisch und ernsthaft.

Seien Sie für Ihre Mitarbeiter in verlässlicher Weise ansprechbar und greifbar

Sie müssen nicht unbedingt den ganzen Tag über die Tür offen haben, falls Sie ein separates Büro haben. Sie müssen auch nicht ständig mitten unter Ihren Leuten sein – in einer Art Nonstop-Kommunikation. Sie sollten aber auf jeden Fall dafür sorgen, dass Sie erreichbar sind, wenn einer Ihrer Mitarbeiter Sie in einer für ihn wichtigen Angelegenheit braucht; und wenn Sie dann gerade anderweitig gebunden und unabkömmlich sind, sollten Sie regelmäßig dafür sorgen, dass Sie sich sehr zeitnah bei dem Mitarbeiter melden.

Auch sollten Sie von sich aus zu Ihren Leuten hingehen, und das nicht nur, „wenn Ostern und Pfingsten auf einen Tag fallen", sondern regelmäßig. Sie sollten, auch wenn Sie einen großen und komplexen Führungsbereich haben, immer wieder das direkte Gespräch mit Ihren Leuten suchen, sich interessieren für das, was Ihre Mitarbeiter machen, und Sie sollten für Fragen und wichtige Themen ansprechbar sein. Falls Sie Mitarbeiter führen, die selbst Führungsverantwortung wahrnehmen, gilt dies für Ihre direkten Mitarbeiter, mit denen Sie ja sicher auch individuell und im Team regelmäßige Gespräche haben, sowieso. Es gilt aber auch für Ihre indirekten Mitarbeiter, also die Mitarbeiter Ihrer Mitarbeiter – egal, wie viele das sind.

Zum unmittelbaren Kontakt und zur direkten Ansprechbarkeit gibt es keine guten Alternativen. Sie drücken damit gegenüber Ihren Mitarbeitern Wertschätzung aus, und Sie bleiben im Gespräch. So haben Sie die Chance, direkt mitzubekommen, was für Ihre Mitarbeiter wichtige Themen und Entwicklungen sind, und können sinnvoll darauf eingehen.

Wenn Sie hingegen von Ihren Mitarbeitern als sehr wenig greifbar und distanziert wahrgenommen werden, wird es für sie äußerst schwierig bis unmöglich, sich Ihnen „plötzlich" in irgendeinem von Ihnen initiierten Coachinggespräch persönlich anzuvertrauen.

Kümmern Sie sich systematisch um die Entwicklung Ihrer Mitarbeiter

Mitarbeiterentwicklung ist sicher eine der wichtigsten oder vielleicht sogar die wichtigste Führungsaufgabe. Natürlich meint Entwicklung nicht in jedem Fall den nächsten Karriereschritt oder die nächsthöhere Gehaltsstufe. Trotzdem sollte Entwicklung immer ein Thema sein – für Sie als Chef ebenso wie für Ihre Mitarbeiter: fachliche, projektbezogene, führungsbezogene oder persönliche Entwicklung; eine neue Aufgabe, Rolle oder Rollenfacette, mehr Verantwortung, mehr Internationalität etc. Entwicklung hat viele Dimensionen. Bleiben Sie zu diesen Themen stets im Gespräch mit Ihren Mitarbeitern und vor allem: Bleiben Sie an den Themen gemeinsam dran. Sinnvolle Mitarbeiterentwicklung resultiert nicht aus Silvestervorsätzen, Strohfeuern, vollmundigen Versprechungen oder mit der Gießkanne ausgekippten Bildungsmaßnahmen.

Sorgen Sie für sinnvollen Ausgleich

Organisationen sind keine Zonen perfekter Balance – heute noch weniger denn je. Immer wieder gibt es Phasen großer Turbulenzen, Umbrüche und Belastungen, Phasen, in denen einzelne Mitarbeiter oder sogar alle zusammen einen extrem hohen Einsatz zu bringen haben, und Phasen, in denen einzelne Mitarbeiter aus Gründen, die Sie möglicherweise auch nicht beeinflussen können, nicht das bekommen, was sie selbst oder auch Sie als Vorgesetzter angemessen fänden: zum Beispiel eine bestimmte Entwicklungsmöglichkeit, die Möglichkeit der Teilnahme an einer bestimmten Veranstaltung oder ein bestimmtes Maß an Anerkennung von Kunden, Partnern oder anderen Einheiten Ihrer Organisation.

Mitarbeiter nehmen im Allgemeinen nicht an, dass Sie als Chef zaubern könnten. Sie sollten aber in Fällen von ausgeprägter Dysbalance, so gut Sie eben können, für einen sinnvollen Ausgleich sorgen – durch zumindest punktuelle Entlastung, größere Freiheitsgrade, eine Entspannung beim Verfolgen weniger zentraler Ziele, Formen von Anerkennung, die Sie realisieren können, etc. Sie würdigen damit gut sichtbar die Einsatzbereitschaft und Loyalität der Mitarbeiter und leisten einen wichtigen Beitrag zu Arbeitszufriedenheit, Motivation, Gesundheit, Wohlbefinden und Gemeinschaftsgefühl.

Seien Sie konsistent in Ihrem Führungsverhalten

Es ist klar, dass die Verschiedenheit der Anforderungen, die Sie bedienen müssen, und damit verbunden die Verschiedenheit der Rollen, in denen Sie sich bewegen, dazu führt, dass Sie nicht immer in gleicher Manier handeln können: Wenn Sie unter Druck eine Entscheidung zu treffen haben, sieht das anders aus, als wenn Sie im Team in Ruhe über ein Thema diskutieren; wenn Sie mit einem Mitarbeiter Pläne und Maßnahmen für seine weitere Entwicklung konkretisieren, werden Sie anders „unterwegs" sein, als wenn Sie ein nicht tolerierbares Verhalten sanktionieren; wenn Sie voll hinter einer Sache stehen, werden Sie anders rüberkommen, als wenn Ihnen selbst Ziele, Gründe und Hintergründe für eine Sache nicht klar oder einleuchtend erscheinen. Auch sind Sie natürlich nicht immer gleich drauf, was Ihre Energie und Ihre Stimmung angeht. Wie jeder von uns haben Sie bessere und weniger gute Momente und manchmal sogar ganz besonders wenig gute Momente, in denen Sie womöglich einseitig und unangemessen reagieren.

Dies alles sind normale Unterschiede und Schwankungen. Sofern Sie dabei nicht zu Extremen neigen, dürfte all das relativ unproblematisch sein, jedenfalls dann, wenn Sie die Dinge transparent machen – zum Beispiel sagen, dass und warum es Ihnen selbst gerade nicht so gut geht oder dass Sie selbst noch nicht umfassend im Bilde sind. Ein solches Transparentmachen ist besonders wichtig in Situationen, die für Ihre Mitarbeiter irritierend und belastend sind. Grundsätzlich geht es aber darum, dass Sie insgesamt in Ihrem Handeln möglichst durchgehend positiv, wertschätzend, fair und vertrauenswürdig wahrgenommen werden.

Wenn man Sie als jemanden erlebt, der in einem Moment total freundlich und zugewandt ist, zehn Minuten später aber wild um sich schlägt, wenn Sie als jemand wahrgenommen werden, der sich morgen nicht an das erinnert, was er heute versprochen hat, oder als jemand, der für sich sehr viel Anerkennung erwartet, selbst aber wenig davon gibt, dann wird es schwer für Ihre Mitarbeiter, sich Ihnen gegenüber auf das Maß an Vertrauen und Offenheit einzulassen, das ein echtes Coaching braucht. Vermutlich werden Ihre Mitarbeiter in dem Fall vor allem darauf bedacht sein, sich taktisch geschickt und vorsichtig zu verhalten, um sich vor unangenehmen Überraschungen zu schützen.

Wenn Sie Ihren Mitarbeitern gegenüber in kompetenter, konstruktiver und vertrauensfördernder Weise konsistent handeln wollen, sollten Sie Folgendes tun:

Maßstäbe für konsistente Führungsqualität	
Setzen Sie selbst klare und anspruchsvolle Maßstäbe für Ihr Handeln.	
Achten Sie bei der Wahl Ihrer Maßstäbe auch darauf, dass Sie mit Ihren Mitarbeitern so umgehen, wie Sie möchten, dass mit Ihnen – auch als Mitarbeiter – umgegangen wird.	
Schauen Sie auf eine längerfristige Perspektive: Was sollen Leute später einmal darüber sagen, wie es war, Sie als Chef zu haben?	
Reflektieren Sie mit Abstand zum Alltag immer wieder ernsthaft und selbstkritisch Ihr eigenes Tun.	
Holen Sie sich dazu auch aktiv Feedback von anderen ein – insbesondere auch von Ihren Mitarbeitern.	
Nutzen Sie Ihre Erfahrungen, Ihre Reflexionen und das Feedback, um daraus zu lernen, wie Sie im Sinne Ihrer Maßstäbe noch besser handeln können.	
Schauen Sie von Zeit zu Zeit auch darauf, ob Sie die Liste Ihrer Maßstäbe an einigen Punkten verändern, konkretisieren oder erweitern sollten.	

Coaching erfordert eine konstruktive und lebendige Feedbackkultur

Ohne wertschätzendes, klares, konkretes, differenziertes und unterstützendes Feedback kann Coaching nicht wirksam sein. Die Qualität von Feedback ist ein essenzieller Faktor für die Qualität von Coaching. Je stärker in Ihrem Führungsbereich eine Kultur des konstruktiven Feedbacks schon gelebte Praxis ist, desto besser sind die Voraussetzungen für Coaching. Umgekehrt: Je weniger eine solche Kultur ausgeprägt ist, desto mehr sollten Sie sich um deren Entwicklung kümmern. Und falls konstruktives und hilfreiches Feedback im Arbeitsalltag (wir sprechen hier nicht von formalisierten Jahresfeedbackgesprächen) in Ihrem Bereich noch in den Kinderschuhen steckt, sollten Sie sich vielleicht erst einmal auf die Etablierung einer guten Feedbackkultur konzentrieren, bevor Sie Coaching in systematischer Weise einzuführen versuchen.

Merkmale einer konstruktiven Feedbackkultur sind:

Was Feedback wirklich nützlich macht	
Feedback wird wertschätzend gegeben, d. h. mit authentischer Würdigung von Leistung, Engagement und Situation des Feedbackempfängers.	
Feedback erfolgt zeitnah.	
Feedback wird konkret und verhaltensnah (statt verallgemeinernd und pauschalisierend) gegeben.	
Feedback ist differenziert: Es werden sowohl positive als auch verbesserungsfähige Aspekte angesprochen.	
Normalerweise werden im Feedback schwerpunktmäßig positive Aspekte angesprochen.	
Feedback wird als subjektive Sicht verstanden und daher auch besonders angemessen durch sogenannte Ich-Botschaften (die subjektive Wahrnehmungen, Wünsche, Erwartungen zum Ausdruck bringen) artikuliert.	

Kritisches Feedback wird, wann immer möglich, mit konkreten Verbesserungsvorschlägen und Unterstützungsangeboten verbunden.	
Feedback wird als Austausch, Dialog und Abgleich von Wahrnehmungen, Wünschen und Erwartungen praktiziert (und nicht als monologisches Abladen von Eindrücken und Bewertungen).	
Feedback ist Teil des Alltags.	

Bei kaum einem anderen Führungsthema erscheint die Theorie allen so einfach und klar wie beim Thema „Feedback", auch wenn die Alltagspraxis so oft ganz anders aussieht. Gängige Arten, Feedback zu verderben, sind,

- positives Feedback im Alltag gar nicht oder nur in Form von rhetorischen Floskeln zu geben;
- kritische Punkte so „weichzuspülen", dass der Adressat nicht mehr versteht, worum es dem anderen eigentlich geht;
- relevante kritische Feedbackpunkte gar nicht zu bringen – nach dem Motto „jetzt passt es gerade nicht so richtig";
- Kritik viel zu hart, zu einseitig, zu pauschal oder abwertend rüberzubringen;
- die eigenen Werte und Maßstäbe eins zu eins auf das Gegenüber zu übertragen.

!

Reflektieren Sie, zu welchen Einseitigkeiten im Umgang mit Feedback Sie bisweilen neigen. Jeder von uns hat wenigstens punktuell solche Einseitigkeiten – nicht selten als Schattenseiten ausgeprägter Stärken.

Holen Sie sich ab und an insbesondere von Ihren Mitarbeitern, aber natürlich auch von anderen relevanten Personen aus Ihrem Umfeld differenzierte, ehrliche und konstruktive Rückmeldungen dazu ein, wie sie Ihre Feedbacks erleben, welche Aspekte sie daran hilfreich und welche sie optimierungsfähig finden.

Überlegen Sie sich vor dem Hintergrund dieser Reflexionen und Rückmeldungen, was Sie an Ihrer Art, Feedback zu geben, möglicherweise noch verändern sollten und welche Strategien Sie nutzen wollen, um Einseitigkeiten entgegenzuwirken.

Die Würdigung positiver Aspekte nicht vergessen

Herr Dr. Tiefstein ist im höheren Management eines Unternehmens der Finanzdienstleistungsbranche tätig. Er ist – wofür man ihn auch durchaus schätzt – ein guter Kenner der Sachthemen in seinem Bereich; außerdem ist er Perfektionist. Er möchte, dass die Dinge fachlich 100%ig korrekt sind, und sieht sofort auch kleinere Unstimmigkeiten und Fehler. Herr Tiefstein neigt dazu, seinen Mitarbeitern vor allem kritisches Feedback zu geben, was ihm gelegentlich auch selbst als suboptimal bewusst wird.

Gerade hat er wieder eine Situation erlebt, in der seine Mitarbeiter gleichsam Tag und Nacht mit höchstem Einsatz gearbeitet haben, um eine komplexe Analyse fertigzustel-

len. Als sie ihm diese dann fristgerecht auf den Tisch gelegt haben, fand Herr Tiefstein wieder nur Worte für Dinge, die aus seiner Sicht nicht perfekt waren. Wie sehr seinen Mitarbeitern durch dieses Feedback „die Kinnladen herunterfielen", hat Herr Tiefstein selbst bemerkt, was ihm – im Nachhinein – leid tat.

Mit seinem externen Coach bespricht Herr Tiefstein, dass er in Zukunft darauf achten wird, zunächst explizit und konkret die positiven Aspekte, die sonst immer unter den Tisch fallen, anzusprechen, bevor er etwas zu den nach seinem Dafürhalten verbesserungswürdigen Punkten sagt. Für Herrn Tiefstein bringt diese Strategie eine fundamentale Veränderung mit sich: Er berichtet nach einiger Zeit, dass seine Mitarbeiter in den Situationen, in denen ihm das Würdigen des Geleisteten gut gelänge, deutlich freudvoller seien. Außerdem fühle er sich auch selbst dabei viel wohler und die ihm wichtigen kritischen Punkte vergesse er dann trotzdem nicht – es falle so sogar viel leichter, zielorientiert darüber zu sprechen.

Die Art, wie Sie als Chef Feedback geben, ist ein wesentlicher Beitrag zu Effektivität, Lernen und Weiterentwicklung, aber auch zu Kontaktqualität, Vertrauen und Atmosphäre in Ihrem Bereich. Ihr Feedback ist nicht nur besonders wichtig für Ihre Mitarbeiter. Sie wirken immer auch – ob Sie wollen oder nicht – als *Vorbild.* Gleichzeitig ist allerdings klar, dass die Qualität der Feedbackkultur in einem Team nicht allein durch den Chef geprägt wird.

> Eine konstruktive und lebendige Feedbackkultur beinhaltet hilfreiches Feedback vom Chef zu den Mitarbeitern, von den Mitarbeitern zum Chef, von Mitarbeiter zu Mitarbeiter, von Teammitgliedern zu Schnittstellenpartnern etc.

Die Weiterentwicklung von Feedbackkultur betrifft also immer auch das ganze Team. Natürlich können Sie als Chef in direkter Form dabei nur Ihr eigenes Verhalten beeinflussen. Sie können Ihre Teammitglieder aber sowohl durch Ihren eigenen Feedbackstil als auch durch gezielte feedbackfördernde Maßnahmen und Impulse darin unterstützen, Feedback sowohl Ihnen gegenüber als auch untereinander oder mit wichtigen Dritten im Alltag zu nutzen.

Sie können die Feedbackkultur gezielt fördern. Reflektieren Sie dazu zunächst für sich allein folgende Fragen:

- Wie gut entwickelt ist wohl in Ihrem Team die Feedbackkultur?
- Wie schätzen Sie die Qualität des Feedbacks in die verschiedenen Richtungen ein: von Ihnen zu den Mitarbeitern, von den Mitarbeitern zu Ihnen, zwischen den Mitarbeitern, zwischen Mitarbeitern und relevanten Dritten?
- Was läuft aus Ihrer Sicht dabei insgesamt gut, wo sehen Sie Verbesserungsbedarf?
- Welche Impulse und Maßnahmen könnten zur weiteren Verbesserung beitragen?
- Was würden Sie und die Teammitglieder dadurch gewinnen?

- Welche unterschiedlichen Kosten und möglichen Risiken bringen die von Ihnen angedachten Maßnahmen mit sich?
- Worauf sollten Sie achten, um den Risiken vernünftig zu begegnen und das Ganze zu einem Erfolg zu führen?

Selbstverständlich kann es, nachdem Sie diese Fragen für sich reflektiert haben, sinnvoll sein, auch mit Ihren Teammitgliedern direkt darüber zu sprechen. Dies kann bereits eine erste wichtige Maßnahme sein. Über weitere hilfreiche Maßnahmen zur Förderung der Feedbackkultur in Ihrem Team könnten Sie im Anschluss miteinander sprechen. Denkbare Maßnahmen sind:

- moderierte Workshops zum Thema „Umgang mit Feedback";
- die systematische Integration bestimmter Feedbackaspekte in Teambesprechungen;
- eine veränderte Gestaltung Ihrer regelmäßigen Gespräche mit einzelnen Mitarbeitern, um darin mehr hilfreiches Feedback in beide Richtungen zu ermöglichen;
- individuell ausgestaltbare Formen zur Würdigung des Engagements von Schnittstellenpartnern oder internen bzw. externen Lieferanten, etwa Dankespostkarten oder kleine symbolische Gaben.

Je mehr hilfreiches Feedback im Alltag von allen Teammitgliedern – Sie eingeschlossen – genutzt wird, desto positiver werden sich auch wechselseitige Wertschätzung und Vertrauen entwickeln. Beides zusammen – eine Kultur wechselseitiger Wertschätzung und eine Kultur konstruktiven Feedbacks – bildet eine gute Grundlage für die Entfaltung von Coaching in Ihrem Bereich. Natürlich brauchen Sie dabei keine perfekte Welt. Wertschätzung, Vertrauen und konstruktives Feedback im Alltag müssen nicht in Vollendung, wohl aber in hinreichender Weise vorhanden sein. Gibt es deutliche Mängel an erlebter Wertschätzung, gefühltem Vertrauen und/oder praktiziertem Feedback, hat Chef-Mitarbeiter-Coaching wenig bis keine Chancen.

Auf den Punkt gebracht

Um Ihre Mitarbeiter in schwierigen Situationen wirksam coachen zu können, sind Sie als Chef auf das Vorhandensein zweier Grundlagen in Ihrem Führungsbereich angewiesen:

- Sie brauchen eine Kultur von Wertschätzung und Vertrauen. Das heißt, dass Sie als Chef durch Ihr Handeln die Wertschätzung und das Vertrauen Ihrer Mitarbeiter Ihnen gegenüber und auch der Mitarbeiter untereinander fördern sollten.
- Gleichzeitig brauchen Sie eine Kultur konstruktiven Feedbacks im Alltag, und das heißt, dass Sie als Chef stark darauf achten sollten, dass Sie selbst möglichst wertschätzendes, klares, konkretes, differenziertes und hilfreiches Feedback geben und dass Sie alles tun, um eine solche Kultur auch insgesamt in Ihrem Team zu fördern.

So wie das Vorhandensein einer Kultur von Wertschätzung und konstruktivem Feedback die Grundlage von Coaching stärkt, so stärkt umgekehrt die Erfahrung hilfreichen Coachings die gemeinsame Basis von Wertschätzung, Vertrauen und gutem Umgang mit Feedback.

In welchen Situationen coachen Sie?

Als Coach unterstützen Sie einen Ihrer Mitarbeiter darin, dass er in einer für ihn besonders herausfordernden Situation seine Fähigkeiten, Stärken und Ideen so nutzt, dass er in der Lage ist, Schwierigkeiten zu überwinden und möglichst angemessene Lösungen zu finden. Lassen Sie uns näher betrachten, was typische Coachinganlässe sind und worauf Sie achten sollten, wenn Sie einen Ihrer Mitarbeiter wirksam coachen wollen.

Anlässe für Chef-Mitarbeiter-Coaching

Am häufigsten kommt es zu einem Chef-Mitarbeiter-Coaching, wenn Sie in einem Gespräch mit einem Ihrer Mitarbeiter gemeinsam auf ein Thema stoßen, mit dem der Mitarbeiter sich gerade schwertut: Er hat zum Beispiel Zweifel, was das beste Vorgehen, der beste Ansatzpunkt, die sinnvollste Zielsetzung oder die angemessenste Priorisierung ist. Hierbei kann es um alles Mögliche gehen: Aufgaben, Planungen, Projektthemen, Ressourcenverteilungen, Kundenkontakte, Verhandlungen etc.

Sind Sie in einer solchen Situation bereit, den Mitarbeiter als Sparringspartner bei der bestmöglichen Lösungsfindung zu unterstützen, und ist der Mitarbeiter bereit und motiviert, eine solche Unterstützung von Ihnen anzunehmen, so geschieht ein Stück Coaching oft ganz ungeplant mitten im Alltag.

Ein deutlich stärker geplantes und auch intensiveres Coaching ist nötig, wenn es um Themen geht, bei denen nur dann eine nennenswerte Veränderung und Entwicklung zu erwarten ist, wenn man über längere Zeit – einige Wochen oder Monate – systematisch daran arbeitet. Hier wird es in der Regel angezeigt sein, eine ganze Reihe von Coachinggesprächen mit dem Mitarbeiter zu führen.

Typische Situationen für systematisches Chef-Mitarbeiter-Coaching sind:

Wann systematisches Coaching angesagt ist	
Ein Mitarbeiter muss in eine neue Rolle (zum Beispiel als Ihr Stellvertreter) hineinwachsen, die deutlich andere/höhere Anforderungen als bisherige Rollen an ihn stellt.	
Ein Mitarbeiter zeigt immer wieder Verhaltensweisen, die kritische Effekte bei Kunden, eigenen Mitarbeitern oder Kollegen haben.	
Ein Mitarbeiter tut sich immer wieder schwer mit Priorisierungen oder Entscheidungen, die er in seinem Aufgabengebiet zu treffen hat.	
Ein Mitarbeiter kommt immer wieder in Stress- und Überlastungssituationen hinein, weil er die Tendenz hat, zu viele Aufgaben anzunehmen und/oder alles perfekt bearbeiten zu wollen.	
Ein Mitarbeiter nimmt bestimmte Dinge immer wieder zu persönlich und reagiert dann frustriert oder gereizt.	

Bei all diesen Themen spielt immer auch die langfristige Weiterentwicklung der Persönlichkeit des Mitarbeiters eine Rolle. Bereits dadurch ist klar, dass Sie deutlich mehr Zeit und Gesprächsrunden einkalkulieren müssen, wenn Sie Ihren Mitarbeiter dabei als Coach unterstützen wollen.

Kriterien für Chef-Mitarbeiter-Coaching

Lassen Sie uns die Frage, unter welchen Umständen es für Sie als Chef sinnvoll ist zu coachen, noch einmal etwas allgemeiner anschauen. Es sollten vier zentrale Kriterien erfüllt sein, wenn Sie einen Mitarbeiter coachen, und zwar grundsätzlich bei jedem – also auch einem eher punktuellen – Coaching, ganz besonders aber dann, wenn das Coaching aus einer ganzen Sequenz von Gesprächen besteht. Die wesentlichen Kriterien für den Einsatz von Coaching sind die folgenden:

1. Es geht um ein für die Funktion des Mitarbeiters wichtiges und folgenreiches Thema

Dieser Punkt ist evident. Wenn das Thema für die Funktion des Mitarbeiters nicht wichtig ist, brauchen Sie als Chef nicht zu coachen. Natürlich können Sie auch bei Themen, die bezogen auf die Arbeit des Mitarbeiters von peripher Bedeutung sind oder rein privaten Charakter haben, als Coach aktiv werden. Dies werden Sie aber vermutlich nur dann tun, wenn Sie dem Mitarbeiter einen ganz besonderen Service bieten möchten oder wenn Sie ein großer Menschenfreund sind. Normalerweise gilt es, sich sehr bewusst zu überlegen, in welchen Situationen bei welchen Mitarbeitern und welchen Themen Sie als Coach einsteigen wollen – selbst wenn es sich nur um ein einziges Gespräch handelt; denn Coaching ist jedes Mal ein Investment von Ihnen – auch wenn es sich am Ende auszahlt.

2. Der Mitarbeiter hat das Potenzial, die entsprechende Herausforderung gut zu schaffen

Dieses Kriterium ist essenziell. Wenn der Mitarbeiter das Potenzial nicht hat, ist Coaching ebenfalls nicht sinnvoll, denn dann könnten Sie bis zum „jüngsten Tage" coachen, ohne dass sich nennenswerte Ergebnisse einstellen.

In sehr vielen Fällen ist klar: Der Mitarbeiter hat für die im Fokus stehende Herausforderung das nötige Potenzial, auch wenn es möglicherweise größere Schwierigkeiten und Barrieren für ihn gibt, sein Potenzial effektiv zu entfalten.

In einigen für gewöhnlich deutlich selteneren Fällen ist ebenfalls klar – meist nach vielen Versuchen, Maßnahmen und Gesprächen: Der Mitarbeiter hat das Potenzial nicht. Wenn dies so ist, ist diese Angelegenheit kein Coachingthema mehr. Natürlich ist das Thema für Sie damit nicht erledigt. Handelt es sich um ein für die Tätigkeit des Mitarbeiters wichtiges Thema, müssen Sie sich nun überlegen, wie Sie damit am besten umgehen können, zum Beispiel indem Sie den Aufgabenbereich des Mitarbeiters umstrukturieren, eine möglichst taugliche „Bypasslösung" für das Thema finden oder dem Mitarbeiter eine ganz andere Stelle anbieten. Im Zusammenhang mit diesen Optionen kann sich dann natürlich erneut relevanter Coachingbedarf ergeben. Hierbei geht es aber um andere Fragestellungen als die ursprüngliche.

Besonders schwierig sind oft Fälle im Graubereich: Sie haben größere Zweifel, ob der Mitarbeiter das nötige Potenzial hat, aber vielleicht hat er es ja doch.

Was tun, wenn Sie sich fragen, ob ein Mitarbeiter das erforderliche Potenzial für eine bestimmte Aufgabe hat?

Wie Sie mit Zweifeln am Potenzial umgehen	
Machen Sie sich sehr deutlich bewusst, auf welche beobachtbaren Indikatoren sich einerseits Ihre skeptische und andererseits Ihre optimistische Seite bezieht.	
Befragen Sie Ihr „Bauchgefühl" im Hinblick darauf, ob Sie wirklich noch eine Chance sehen.	
Reflektieren Sie die Situation – natürlich vertraulich – mit einem Sparringspartner, zum Beispiel Ihrem Chef, einem Kollegen oder einem externen Coach.	
Im Zweifel starten Sie einen Coachingversuch und wägen Sie das Potenzial des Mitarbeiters dann erneut ab.	

3. Der Mitarbeiter muss vor der Herausforderung stehen, Grenzen zu überwinden und sein Handlungsspektrum zu erweitern

Wenn der Mitarbeiter die anstehenden Herausforderungen völlig eigenständig, effektiv und passgenau zu den Anforderungen, aus den relevanten Perspektiven und mit einem sinnvollen Aufwand zu meistern in der Lage ist, braucht er Sie nicht als Coach. Coachingbedarf besteht nur dann, wenn Menschen angesichts bestimmter Situationen mit ihren gewohnten Verhaltensweisen und Strategien an Grenzen stoßen, anders gesagt: wenn es gilt, innere und äußere Barrieren zu überwinden und neue oder veränderte Handlungsweisen ins Spiel zu bringen.

Indikatoren dafür, dass ein Mitarbeiter mit seinen Problemlösungsversuchen an Grenzen stößt und diese nicht effizient aus eigener Kraft überwinden kann, sind:

Wann Unterstützung durch Coaching angezeigt ist	
Der Mitarbeiter strengt sich an, kommt aber kaum voran.	
Der Mitarbeiter dreht sich mit seinen Problemlösungsversuchen im Kreis.	
Der Mitarbeiter erzeugt immer wieder ähnliche Probleme oder Fehler, zum Beispiel bei Prozessschritten oder im Kontakt mit Kunden oder Schnittstellenpartnern.	
Der Mitarbeiter zeigt kritische Reaktionen, zu denen er sonst nicht neigt: zum Beispiel eine übermäßig starke Belastungsreaktion oder Einbrüche in seinem Selbstvertrauen oder seiner Motivation.	

4. Die Bereitschaft des Mitarbeiters, mit seinem Chef als Coach an dem Thema zu arbeiten, ist vorhanden oder lässt sich aktivieren

Sie können einen Mitarbeiter nur dann coachen, wenn dieser bereit und motiviert ist, mit Ihnen als Sparringspartner an dem fraglichen Thema selbstkritisch und veränderungsoffen zu arbeiten. Im besten Fall ist diese Bereitschaft beim Mitarbeiter klar vorhanden und erkennbar. Je weniger Sie allerdings eine solche Bereitschaft wahrnehmen, desto mehr Zeit, Energie und Kreativität müssen Sie investieren, um eine entsprechende Motivation beim Mitarbeiter zu aktivieren – jedenfalls dann, wenn Sie Coachingbedarf sehen.

Aktivieren meint definitiv nicht, den Mitarbeiter zur Bereitschaft, sich coachen zu lassen, mehr oder weniger freundlich hinzumanipulieren. Es geht darum, den Mitarbeiter zur Erkenntnis zu führen, dass es sich für ihn lohnen kann, mit Ihnen an diesem Thema zu arbeiten. Der Mitarbeiter muss sich sicher sein können, dass Sie ihm als wertschätzender, vertrauenswürdiger und hilfreicher Sparringspartner und nicht als Kontrolleur, Oberlehrer oder gar als Befehlshaber begegnen.

Indikatoren, die Ihnen anzeigen, dass bei dem Mitarbeiter eine Bereitschaft, mit Ihnen an dem entsprechenden Thema zu arbeiten, vorhanden bzw. aktivierbar sein könnte, sind:

Woran Sie die Bereitschaft zum Coaching erkennen	
Der Mitarbeiter kommt von sich aus mit dem Thema auf Sie zu.	
Der Mitarbeiter zeigt Ihnen gegenüber eine deutliche persönliche Offenheit zu dem Thema und signalisiert Reflexions- und Veränderungsbereitschaft.	
Sie und der Mitarbeiter haben bereits gute Coachingerfahrungen miteinander gemacht und der Mitarbeiter äußert die Zuversicht, dass es auch dieses Mal hilfreich für ihn sein könnte, mit Ihnen ins Gespräch zu gehen.	
Sie erleben bei dem Mitarbeiter einen Leidensdruck angesichts des fraglichen Themas und haben gleichzeitig eine grundsätzlich vertrauensvolle Beziehung zu ihm.	

Damit Sie einen Mitarbeiter ernsthaft und wirksam coachen können, müssen alle vier Kriterien erfüllt sein. Haben Sie Zweifel, zum Beispiel am erforderlichen Potenzial und/oder an der Bereitschaft des Mitarbeiters, sich coachen zu lassen, schauen Sie genauer hin, sprechen Sie mit dem Mitarbeiter, suchen Sie nach möglichst klaren Indikatoren. Bleiben Ihre Zweifel bestehen, können Sie – jedenfalls wenn der Mitarbeiter dazu bereit ist – einen Coachingversuch starten. Schauen Sie aber achtsam darauf, wie sich dieser Versuch entwickelt, und ziehen Sie daraus Schlussfolgerungen für Ihr weiteres Vorgehen – idealerweise gemeinsam.

Wenn Coaching nicht hilft

Kommen Sie auf dem Weg des Coachens nicht weiter, weil ein echtes Coaching gar nicht zustande kommt oder trotz vielfältiger Bemühungen zu keinen befriedigenden Resultaten führt, haben Sie im Prinzip folgende Handlungsoptionen:

- Sie geben dem Mitarbeiter Anweisungen, wie er sich nach Ihrer Einschätzung in Bezug auf die fraglichen Themen zu verhalten hat. Erwarten Sie aber nicht, dass Sie mit dieser Vorgehensweise zu nachhaltigen Veränderungen in den Einstellungen und Verhaltenstendenzen des Mitarbeiters gelangen.
- Sie schalten – Einverständnis und Bereitschaft des Mitarbeiters vorausgesetzt – einen Dritten, etwa einen externen Coach, ein, um zu sehen, inwieweit das zu Verbesserungen führt.
- Sie finden in Hinblick auf das aus Ihrer Sicht durch den Mitarbeiter deutlich suboptimal gelöste Thema eine Art „Bypasslösung", indem Sie das Problem zum Beispiel durch Prozessveränderungen oder die Einbeziehung anderer Mitarbeiter entschärfen.
- Sie arrangieren sich damit, dass der Mitarbeiter die fraglichen Dinge so tut, wie er sie eben tut, weil das insgesamt nicht zu größeren Problemen führt.
- Sie finden die Situation so inakzeptabel und aussichtslos, dass Sie sich entweder von dem Mitarbeiter trennen oder für ihn eine neue Funktion suchen.

Wichtig bei der Entscheidung für eine dieser Optionen ist, dass Sie sich klarmachen, was der jeweilige Kurs für Ihre

Rolle als Chef und für Ihr weiteres Handeln bedeutet, welche Vorteile zu erwarten sind, aber eben auch, mit welchem Preis vermutlich zu rechnen ist.

Auf den Punkt gebracht

Als Coach unterstützen Sie Ihre Mitarbeiter bei herausfordernden Themen in einzelnen Gesprächen im Alltag oder in einer Reihe systematischer Coachinggespräche, wenn das Thema eine längere Entwicklungszeit erfordert.

Kriterien dafür, dass es sinnvoll ist, einen Ihrer Mitarbeiter als Coach zu unterstützen sind

- das Vorliegen eines wichtigen Themas;
- das Potenzial des Mitarbeiters, es gut zu schaffen;
- Grenzen, an die der Mitarbeiter mit seinem bisherigen Handlungsspektrum stößt und
- die Bereitschaft des Mitarbeiters, mit Ihnen als Coach an dem Thema zu arbeiten.

Kommen Sie auf dem Weg des Coachens nicht weiter, so gilt es, Ihre alternativen Handlungsoptionen – mit den jeweils zu erwartenden Kosten-Nutzen-Relationen – sehr genau abzuwägen: angefangen von Anweisungen an den Mitarbeiter über die Suche nach „Bypasslösungen" für das Problem bis hin zur Strategie, den betreffenden Mitarbeiter von seiner Funktion zu entbinden.

Wie gestalten Sie den Ablauf eines Coachings?

Coaching ist sicher kein linear durchgetakteter Prozess, der immer nach dem gleichen Schema abläuft. Coaching ist hochgradig individuell, personen- und situationsbezogen. Wie lange und, wenn es um mehrere Gespräche geht, wie oft man miteinander spricht, wie die Anteile von Zuhören, Fragen, Feedback, Hypothesenbildung, Tipps etc. sind, wie oft und wie explizit über Erwartungen und Ziele zwischen Coach und Coachee gesprochen wird – all das und noch vieles mehr ist variabel in Abhängigkeit von Thema, Zielsetzung, Kontext und Persönlichkeit sowohl des Coachees als auch des Coachs.

Kein Coachinggespräch gleicht dem anderen. Effektives Coaching erfordert in jedem Moment situatives, nicht schematisches Agieren und Reagieren.

Gleichzeitig ist Coaching ein Problemlösungsprozess – genauer gesagt: ein auf ein Anliegen des Coachees bezogener, am Sparringspartnermodell orientierter Prozess dialogisch-partnerschaftlicher Problemlösung. Aus der Logik eines solchen Prozesses ergibt sich ein bestimmter Prozessablauf. Dieser Ablauf lässt sich wie folgt umreißen:

Typische Coachingphasen

Zuerst gilt es in einem Coachinggespräch zu klären, was eigentlich das Anliegen des Coachees ist bzw. ob überhaupt ein Coachinganliegen besteht. Aus dem Anliegen heraus lassen sich dann konkrete Ziele für das Coaching und gegebenenfalls erforderliche Vereinbarungen für den Rahmen (insbesondere wenn es um mehrere Gespräche geht) ableiten.

Als Nächstes wird es darum gehen, die jeweilige Situation, die relevanten Kontextbedingungen und die Handlungsgründe möglichst gut zu verstehen. Dadurch können auch Hypothesen über Zusammenhänge und Ideen für Vorgehensweisen entwickelt und in einem weiteren Schritt zu Strategien und Handlungsplänen verdichtet werden.

Die anschließende Umsetzung der Pläne führt in jedem Fall zu bestimmten Erfahrungen, die es dann im Hinblick darauf, was wie gut zu angemessenen Problemlösungen beigetragen hat, zu reflektieren gilt. Aus dieser Reflexion ergeben sich womöglich erneut Impulse und ein spezifisches Anliegen für ein weiteres Coachinggespräch.

Coaching als gemeinsame dialogische Problemlösung weist also bestimmte typische Prozessphasen auf. Diese Phasen bilden aber eben keine starre Reihenfolge. Wenn zum Beispiel Coach und Coachee bei der Konkretisierung von Vorgehensweisen merken, dass diese für den Coachee selbst oder wichtige Dritte nicht gut passen, muss der Coach erneut erkundende Fragen stellen, um die Situation noch besser zu verstehen. Umgekehrt könnte es auch sein, dass der Coach schon zu Beginn eines Gesprächs eine bestimmte Handlungsidee ins Spiel bringt, die der Coachee so hilfreich findet, dass diese Idee ohne weitere Situationsanalyse sogleich auf ihre Umsetzung hin weiterverfolgt wird.

> Zentrale Phasen im Coaching sind: Anliegen und Ziele klären, die Situation erkunden, Hypothesen und Lösungsideen entwickeln, Strategien und Vorgehensweisen planen, Geplantes umsetzen, Erfahrungen reflektieren. Diese Phasen finden sich im Coaching als dialogischem Problemlösungsprozess zwar grundsätzlich wieder, müssen aber aufgrund des sich jeweils zeigenden situativen Bedarfs immer wieder angepasst, flexibilisiert und, soweit erforderlich, erneut durchlaufen werden.

Lassen Sie uns die typischen Phasen in Coachinggesprächen im Einzelnen noch etwas genauer betrachten.

Anliegen und Ziele klären

Wir haben bereits darüber gesprochen, dass Sie nur dann sinnvoll coachen können, wenn Ihr Gegenüber ein Coachinganliegen hat. Daher ist es mehr als naheliegend, dass Sie zu Beginn eines Coachinggesprächs mit einem Mitarbeiter zunächst klären, was dessen Anliegen ist, Je klarer dies ist, desto effektiver können Sie vorankommen.

Ein Coachinggespräch hilft, besser zu verstehen

Martina Müller kommt zu ihrer Chefin, da sie am Vortag eine für sie unerwartet schwierige und spannungsreiche Situation mit einem Kunden erlebt hat. Sie verspricht sich von dem Gespräch mit ihrer Chefin, dass sie diese Situation besser verstehen und daraus zielführende Schlussfolgerungen für ihr Handeln bei der nächsten Begegnung mit diesem Kunden ableiten kann.

Auf der Basis dieses vorgetragenen Anliegens können Martina und ihre Chefin sehr schnell in ein Coachinggespräch einsteigen – jedenfalls dann, wenn auch die Chefin dazu bereit ist.

Hat der Mitarbeiter in Bezug auf ein Thema, bei dem Sie ihn coachen möchten, kein Anliegen, sollten Sie zunächst Zeit und Energie dahin gehend investieren, dass bei dem Mitarbeiter eine echte Motivation entsteht, sein Verhalten in der betreffenden Situation mit Ihnen selbstkritisch zu reflektieren und gegebenenfalls auch zu verändern.

Den potenziellen Coachee überzeugen

Peter Nestor hat zum zweiten Mal von einem wichtigen internen Schnittstellenpartner eine Beschwerde über das „sehr rechthaberische und wenig entgegenkommende Verhalten" seines Mitarbeiters Guido Buschmann bekommen. Während Peter seinen Mitarbeiter nach der ersten Beschwerde lediglich gefragt hat, was los gewesen sei und wie er nun weiter vorgehen wolle, möchte er ihn nun im Hinblick auf eine konstruktivere Gestaltung der Zusammenarbeit mit dem Schnittstellenpartner coachen.

Als er Guido auf die Schwierigkeiten anspricht, macht dieser deutlich, dass man zwar darüber reden könne, er sich aber absolut sicher sei, dass er angesichts des „inkompetenten und unzuverlässigen Verhaltens" des Schnittstellenpartners überhaupt keine andere Wahl gehabt habe, als so zu reagieren, wie er es getan hatte.

Peter weiß, dass andere Teammitglieder problemlos mit dem betreffenden Schnittstellenpartner klarkommen, und auch er selbst hat den Eindruck, dass man mit ihm vernünftig zusammenarbeiten kann. Zugleich hat er auch schon erlebt, dass Guido in manchen Situationen durchaus sehr auf seinem Standpunkt beharrt und sich wenig kompromissbereit zeigt. Deshalb versucht Peter nun zunächst, seinem Mitarbeiter nahezubringen, dass dieser die Qualität der Zusammenarbeit mit dem Schnittstellenpartner vermutlich deutlich besser gestalten könnte, wenn er dabei anders vorgehen würde.

Guido beharrt auch in diesem Gespräch zunächst auf seiner Position. Daher versucht Peter, ihm einerseits Rückmeldungen zu den aus seiner Sicht verbesserungsbedürftigen Verhaltensweisen zu geben – andererseits hebt Peter aber auch Guidos Fähigkeiten klar hervor, wie etwa große Genauigkeit, Analysestärke und profundes Fachwissen. Darüber hinaus macht er deutlich, welche Zusammenhänge er zwischen den Fähigkeiten und den kritischen Verhaltenstendenzen seines Mitarbeiters sieht.

Nach und nach stellt sich auch bei Guido eine andere Sichtweise ein. Er gewinnt die Idee, dass es sich lohnen könnte, mit seinem Chef ausführlicher auf diese Situation zu schauen, um Ansatzpunkte für eine verbesserte Zusammenarbeit mit dem Schnittstellenpartner zu finden: Bei ihm bildet sich ein Coachinganliegen.

Aus einem vorhandenen Coachinganliegen lassen sich handlungsorientierte Ziele für das Coaching ableiten.

Coachingziele

Coachingziele sind eine handlungsbezogene Konkretisierung des Coachinganliegens unter Berücksichtigung dessen, was im Rahmen der gemeinsamen Reflexion überhaupt geleistet werden kann und soll.

Coachingziele explizit zu bestimmen, ist besonders dann sinnvoll, wenn Sie mehrere Coachinggespräche zu einem Thema mit einem Ihrer Mitarbeiter führen. In diesem Fall ist es hilfreich zu vereinbaren, welche konkreten Ziele durch das Coaching erreicht werden sollen und welche beobachtbaren Indikatoren es für die Zielerreichung gibt. Dabei sollten Sie auch gemeinsam überlegen, wie Sie das Coaching gestalten wollen: wie oft und wie lange Sie sich jeweils treffen wollen, welche Vorgehensweisen Ihnen dabei ungefähr vorschweben und wie das Zusammenspiel zwischen Ihnen als Coach und dem Mitarbeiter als Coachee in Bezug auf Rollen, Aufgaben und Verantwortlichkeiten aussehen sollte.

! Wenn Sie mehrere Coachinggespräche planen, ist es sinnvoll, die Zielstellungen in der Gesamtheit schriftlich zu fixieren. Dies verbessert die gemeinsame Orientierung und gleichzeitig die Verbindlichkeit.

Zu Beginn jedes einzelnen Gesprächs einer längeren Gesprächsreihe ist es gut, sich kurz zu verständigen, was die wichtigsten Ziele des aktuellen Gesprächs vor dem Hintergrund der Gesamtzielsetzung sein sollten.

> Anliegen und Zielstellung sind die Leitlinien für wirksames Coaching. Als Coach müssen Sie sowohl für sich als auch zusammen mit Ihrem Coachee immer wieder darauf schauen.

Die Situation erkunden

Um die Situation, um die es im Coaching geht – das äußere Geschehen sowie die inneren Weichenstellungen dafür beim Coachee – möglichst umfassend verstehen zu können, müssen Sie als Coach intensiv Fragen stellen.

Fragen, die Ihnen helfen, die jeweilige Situation besser zu verstehen, sind:

Fragen zum besseren Verständnis	
Was kennzeichnet die Situation aus Sicht Ihres Coachees?	
Welche Kontextbedingungen sind besonders relevant?	
Welche anderen Personen (Kollegen, Mitarbeiter, interne oder externe Kunden etc.) spielen für die Situation eine wichtige Rolle?	
Wie nimmt der Coachee die Handlungsweisen, Interessen, Bedürfnisse und Absichten der anderen Beteiligten wahr?	
Was hat der Coachee schon versucht, um die Herausforderungen und Schwierigkeiten der Situation (oder ähnlicher anderer Situationen) zu meistern?	
Welche Erfahrungen hat er dabei gemacht?	

Welche Interaktionen und Wechselwirkungen im Zusammenspiel mit den anderen Beteiligten sind entstanden?	
Welche produktiven und kritischen Effekte lassen sich dabei erkennen?	
Welche Gefühle, Wünsche und Bedürfnisse nimmt der Coachee bei sich wahr?	
Welche inneren Einstellungen und Annahmen hat er?	
Was sind seine wichtigsten Ziele und welche Handlungsoptionen sieht er?	

Solche und ähnliche Fragen helfen Ihnen und dem Coachee, die Situation besser zu verstehen. Weder fragen Sie dabei als Wissender (wie der Lehrer in der Schule) noch antwortet der Coachee in jedem Fall als Wissender (als ultimativer Experte des Geschehens). Worum es geht, ist ein gemeinsames Erkunden der Situation, ihrer Dynamik und wichtiger Einflussgrößen.

Nötig sind erkundende Fragen oft auch, um das Coachinganliegen und die Zielstellungen überhaupt auf den Punkt zu bringen. Wie wir gesehen haben, ist es keinesfalls immer klar, was genau das Anliegen Ihres Gesprächspartners ist und wie sich dieses Anliegen im Verhältnis zu Ihren eigenen Vorstellungen verhält. Um dies zu klären, brauchen Sie – neben der Äußerung eigener Eindrücke – insbesondere auch Fragen: Fragen zur Besonderheit der Situation und zum Umgang Ihres Gesprächspartners damit, zu seinen Handlungen, Handlungsmotiven und den erreichten Handlungsfolgen.

Die Phase der Klärung von Anliegen und Zielen und die Phase des Erkundens der Situation gehen also ein gutes Stück weit Hand in Hand und fördern sich gegenseitig: Das fragende Erkunden der Situation hilft, Anliegen und Ziele weiter zu klären, und die Klärung von Anliegen und Zielen durch Fragen hilft, einen klaren Fokus für die weitere Situationserkundung und Lösungssuche zu bekommen.

> Erkundende Fragen sind bestens geeignet, um sowohl Besonderheiten der Situation sowie Schwierigkeiten und Reflexionsanliegen für den Coachee als auch Ansatzpunkte für geeignete Lösungen zu finden.

Wir werden uns später, wenn wir zu den Methoden im Coaching kommen, noch eingehender mit dem Werkzeug des Fragens beschäftigen.

Hypothesen und Lösungsideen entwickeln

Hypothesen und Ideen ergeben sich oft direkt aus dem intensiven Erkunden der Situation. Hypothesen beziehen sich auf Zusammenhänge, Ursachen, Wirkfaktoren und Wechselwirkungen. Ideen beziehen sich auf Lösungsansätze aller Art: veränderte Sichtweisen, mögliche Handlungsweisen, Strategien, Unterstützungsformen etc. Idealerweise ist es der Coachee, der angeregt durch Fragen oder Feedbackpunkte des Coachs hilfreiche Hypothesen und Lösungsideen für die jeweilige Situation entwickelt.

Der Coachee entwickelt einen Lösungsansatz

Im zweiten Gespräch zum Thema „Probleme in der Zusammenarbeit mit dem internen Schnittstellenpartner" formuliert Guido seinem Chef Peter gegenüber die Hypothese, dass er wohl immer dann besonders kritisch und streng reagiere, wenn er einen Kollegen als nicht kompetent genug wahrnehme. Sein kritischer Blick führe dann wohl einerseits dazu, dass er bei dem anderen noch mehr Schwachstellen entdecke und dass zugleich der andere ihm gegenüber wohl auch weniger souverän und motiviert reagiere.

Vor dem Hintergrund dieser Einschätzung entwickelt Guido die Idee, dass es sinnvoll sein könnte, sich noch einmal genau zu vergegenwärtigen, welche Kompetenzen der von vielen anderen ja geschätzte Kollege hat. Dabei wäre es wohl sinnvoll, auch auf solche Kompetenzen zu achten, die für ihn selbst nicht automatisch im Fokus liegen, die aber durchaus wichtig für eine erfolgreiche Arbeit sind.

Den Coachee durch gemeinsames Erkunden der Situation anzuregen, hilfreiche Hypothesen und Lösungsideen zu entwickeln, ist eine zentrale Aufgabe für Sie als Coach. Im Sinne dieser Aktivierungsaufgabe werden Sie deutlich mehr zuhören, fragen und Feedback geben als selbst Ratschläge und Tipps zu formulieren. Das heißt nun aber nicht, dass Sie sich möglichst alle eigenen Gedankenäußerungen verkneifen müssten. Dies wäre einerseits künstlich, denn Sie möchten ja sicher an der einen oder anderen Stelle eigene Ideen und Erfahrungen ins Spiel bringen; andererseits würde es auch das verfügbare Kreativitätspotenzial zwischen Ihnen und Ihrem Gesprächspartner erheblich reduzieren, wenn einer nur Fragen und der andere nur Antworten produzieren würde.

Natürlich dürfen Sie als Coach auch Ihre eigenen Erfahrungen, Ideen, Vorschläge etc. einbringen. Achten sollten Sie dabei aber auf zweierlei: Da es ja darum geht, Ihrem Gesprächspartner möglichst effektiv dabei zu helfen, sich selbst zu helfen, sollten Sie nicht in eine Dynamik hineingeraten, in der Sie mehr und mehr zum Erläuternden und Vorschlagenden werden und Ihr Mitarbeiter mehr und mehr zum passiv Rezipierenden mutiert. Sie sollten also mit Ideen und Vorschlägen dosiert umgehen und lieber viel mehr Fragen als eigene Deutungen oder Vorschläge anbieten.

Was Sie außerdem unbedingt beachten sollten, ist: Wenn Sie mit Ihrer Rolle als Coach konsequent auf Kurs bleiben wollen, sind alle Ihre Deutungen und Vorschläge nur Angebote. Sie können diese Angebote zusammen mit Ihrem Mitarbeiter anschauen und in Bezug darauf diskutieren, wie plausibel oder hilfreich der jeweilige Punkt für Ihren Mitarbeiter ist. Wenn Ihr Mitarbeiter aber – ganz explizit oder körpersprachlich/atmosphärisch implizit – deutlich macht, dass Ihr Punkt für ihn nicht stimmig oder nicht hilfreich ist, dann sollten Sie nicht darauf beharren, sondern die Situation und ihre Dynamik noch genauer erkunden und/oder Ihren Mitarbeiter fragen, welche alternativen Ideen er selbst noch im Hinterkopf hat.

Wenngleich Ihre Aufgabe als Coach vor allem darin besteht, Ihren Mitarbeiter durch Zuhören, Fragen und Feedback zielbezogen zu aktivieren, dürfen Sie natürlich auch als Coach eigene Erklärungs- und Lösungsvorschläge ins Spiel bringen. Sie sollten dies aber nur dosiert tun und immer darauf achten, dass alle Ihre

Vorschläge im Coaching nur Angebote – und definitiv keine ultimativen Wahrheiten und schon gar keine Anweisungen – sind.

Strategien und Vorgehensweisen planen

Hilfreiche Hypothesen und Ideen sind das Fundament, auf dem sich Strategien und Vorgehensweisen, also konkrete Lösungsansätze aufbauen lassen. Lösungsansätze können auf ganz verschiedenen Ebenen liegen. Sie können das Handeln des Coachees betreffen und dabei Veränderungen gegenüber bisherigen Vorgehensweisen darstellen oder die noch konsequentere Umsetzung eines schon praktizierten Vorgehens. Sie können das Handeln Dritter betreffen, zum Beispiel in dem Sinne, jemanden als Unterstützer für bestimmte Aktivitäten oder flankierende Maßnahmen zu gewinnen. Sie können sich aber auch auf innere Haltungen, Einstellungen, Reflexionen oder auf in der Folge vorzunehmende Planungen des Coachees beziehen.

Mehrere Erfolg versprechende Lösungsansätze

Im zweiten Gespräch zwischen Peter und seinem Mitarbeiter Guido kristallisieren sich folgende Lösungsansätze heraus: Zum einen will Guido sich mit der Frage beschäftigen, welche Kompetenzen und Stärken er bei seinem internen Schnittstellenpartner wahrnehmen kann. Dieser Punkt betrifft seine innere Haltung dem Kollegen gegenüber. Gleichzeitig will er andere Kollegen aus seinem Team, von denen er weiß, dass sie gut mit dem Schnittstellenpartner zusammenarbeiten, fragen, worauf sie in der Zusammenarbeit besonders ach-

ten. Dieser Punkt betrifft Erfahrungen und Einschätzungen Dritter als Anregung für das eigene Handeln.

Schließlich einigen sich Peter und Guido darauf, dass dieser ein klärendes Gespräch mit dem Schnittstellenpartner sucht, in dem er sich einerseits für sein etwas barsches Auftreten entschuldigt und gleichzeitig klärt, was jeder von beiden für eine gute Zusammenarbeit vom anderen besonders braucht und erwartet. Dieser Punkt betrifft Guidos Handeln in seiner direkten Interaktion mit dem Schnittstellenpartner.

Geplantes umsetzen

Die Umsetzung geplanter Vorgehensweisen ist eine für jedes Coaching wesentliche Phase, auch wenn diese Phase in aller Regel nicht innerhalb, sondern jenseits der Coachinggespräche im Arbeitsalltag des Coachees stattfindet. Ein wichtiges Kriterium für die Terminierung eines Folgegesprächs im Falle einer Reihe von Coachinggesprächen liegt in der Frage, wie viel Zeit der Coachee für eine hinreichende Umsetzung des Geplanten braucht. Kommt das nächste Gespräch zu schnell, hat der Coachee keine echte Gelegenheit, Vorhaben zu realisieren und Erfahrungen damit zu sammeln. Hat der Coachee im folgenden Gespräch hingegen schon gar keinen Bezug zu seinen Umsetzungserfahrungen und keine plastische Erinnerung mehr daran, dann dürfte der Abstand zwischen den Gesprächen deutlich zu groß gewesen sein.

In vielen Fällen ist es hilfreich, wenn der Coachee sich Notizen zu seinen Erfahrungen macht und diese als Gedächtnis- und Konkretisierungshilfe in das nächste Coachinggespräch mitbringt. Ferner sollte der Coachee die Möglichkeit haben, sich schon früher als vereinbart bei Ihnen als Coach zu melden – zumindest für ein kurzes Zwischengespräch –, wenn er mit der vereinbarten Umsetzung überhaupt nicht klarkommt und der nächste vereinbarte Gesprächstermin noch weit entfernt liegt.

Erfahrungen reflektieren

Positive Entwicklungen verstärken

Im dritten Coachinggespräch berichtet Guido seinem Chef, dass er ein atmosphärisch und inhaltlich gutes Klärungsgespräch mit seinem Schnittstellenpartner hatte. Auch sei seitdem die Zusammenarbeit deutlich besser geworden. Guido sagt, dass die von seinem Chef angesprochenen Eindrücke und Feedbackpunkte ihm geholfen hätten, seinen eigenen Anteil an dem Geschehen und auch die dadurch angestoßenen Dynamiken deutlich klarer zu erkennen. Nun möchte er mit Peter noch gerne daran arbeiten, die erreichte positive Basis weiter zu festigen und auszubauen.

Egal welche Erfahrungen der Coachee bei der Umsetzung vereinbarter Maßnahmen sammelt: Es gilt, sowohl das, was gut gelaufen ist, als auch das, was nicht gut gelaufen ist oder vielleicht sogar gar nicht stattgefunden hat, gemeinsam zu reflektieren. Der Fokus liegt dabei immer darauf herauszufinden, was die Gründe und Wirkfaktoren für die jeweiligen Erfahrungen waren und welche Schlussfolgerungen daraus in Hinblick auf eine möglichst gute Zielerreichung zu ziehen sind.

Wenn bestimmte Umsetzungsschritte besonders erfolgreich gelungen sind, geht es zum einen um Anerkennung und Würdigung und zum anderen um die Frage, wie eine möglichst hohe Nachhaltigkeit auf dem eingeschlagenen Weg erreicht werden kann. Wenn umgekehrt bestimmte Umsetzungsschritte nur sehr wenig erfolgreich waren oder gar nicht vorgenommen wurden, geht es einerseits um das Erkunden von Ursachen, Dynamiken, inneren Haltungen, Annahmen und bisher vielleicht zu wenig beachteten Kontextbedingungen; andererseits geht es dann um das Entwickeln alternativer oder modifizierter Hypothesen, Ideen und Umsetzungspläne.

Aus der Reflexion von Erfahrungen entstehen also neue Erkundungen und Planungsaktivitäten und damit wiederum Impulse für weitere Umsetzungs- und Reflexionsphasen. Gegenstand der Reflexion sollte dabei natürlich auch das Vorgehen im Coaching selbst sein: Wie hilfreich und effektiv ist dieses Vorgehen für den Coachee? Sollte die Art der Arbeit im Coaching so fortgesetzt werden wie bisher oder erscheinen Änderungen sinnvoll – zum Beispiel eine andere Frequenz oder Dauer der Gespräche, andere inhaltliche Schwerpunkte, andere Herangehensweisen an Themen etc.? Coach und Coachee schauen mit solchen Fragen aus der Metaperspektive, also aus einer Art Vogelperspektive auf den gemeinsam gestalteten Coachingprozess, damit dieser Prozess so passgenau und zielführend wie möglich gestaltet werden kann.

Die Reflexion positiver und kritischer Umsetzungserfahrungen ist ein ebenso wichtiger Teil des Coachings wie die Reflexion des Coachingprozesses selbst. Aus solchen Reflexionen lassen sich wertvolle Schlussfolgerungen gewinnen, sowohl im Hinblick darauf, was weiter erkundet werden sollte, als auch darauf, welche veränderten oder neuen Handlungsoptionen es sich auszuprobieren lohnt.

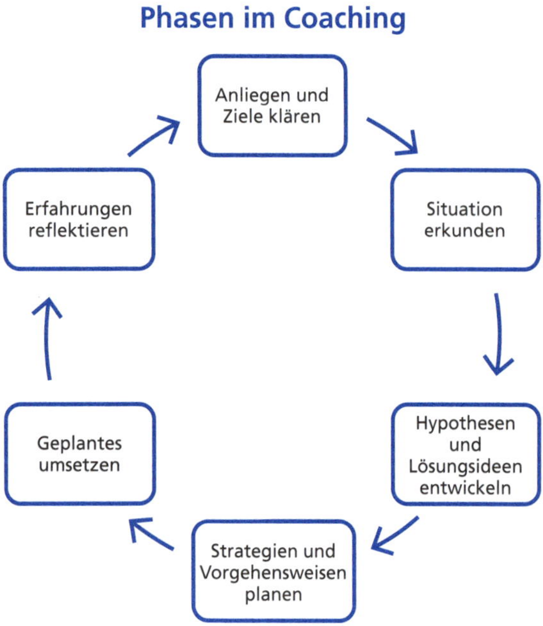

Abb. 2: Phasen im Coaching

Macht die Auswertung gesammelter Erfahrungen für Coach und Coachee deutlich, dass die Coachingziele erreicht sind, kann und sollte das Coaching beendet werden. Zeigt die Erfahrungsreflexion hingegen, dass noch wichtige Schritte zu tun sind, so werden die Prozessphasen im Coaching erneut – in bedarfsgerechter Ausgestaltung – durchlaufen, bis eine stabile Zielerreichung erkennbar ist oder im negativen Fall: bis erkennbar wird, dass das Coaching nicht zum gewünschten Erfolg führen wird.

Auf den Punkt gebracht

Jedes Coachinggespräch ist individuell und braucht eine hohe Flexibilität im Vorgehen bezogen auf die Erfordernisse des jeweiligen Gesprächsmoments. Gleichzeitig ist Coaching als dialogischer Problemlösungsprozess gekennzeichnet durch typische Prozessphasen. Diese Phasen sind:

- Anliegen und Ziele klären,
- die Situation erkunden,
- Hypothesen und Lösungsideen entwickeln,
- Strategien und Vorgehensweisen planen,
- Geplantes umsetzen und
- Erfahrungen reflektieren.

Vor dem Hintergrund der Coachingziele gilt es, diese Phasen in flexibel ausgestalteten iterativen Schleifen solange zu durchlaufen, bis der Coachee die im Fokus stehenden Herausforderungen weitestgehend eigenständig meistern kann.

Welche Methoden brauchen Sie als Coach?

Schon als wir uns mit der Frage beschäftigt haben, was Coaching überhaupt ist, haben wir gesehen, dass achtsames Zuhören, intensives Nachfragen und Feedback geben kennzeichnend ist für das, was ein Coach tut. Aus der Auseinandersetzung mit den typischen Phasen von Coachinggesprächen entnehmen wir weitere grundlegende Coachingaktivitäten: Hypothesen und Ideen entwickeln, Vorgehensweisen planen, Erfahrungen auswerten und metareflektieren. Alles zuvor Aufgeführte machen wir im Grunde auch in ganz normalen Gesprächssituationen. Im Coaching sollten wir es aber ganz besonders zielgerichtet, bedarfsbezogen, bewusst und systematisch tun, denn hier sind das erfolgskritische Methoden. Lassen Sie uns die wichtigsten Methoden, die Sie als Coach brauchen, etwas genauer betrachten.

Achtsames Zuhören und Wahrnehmen

Wenn Sie einen anderen Menschen – egal ob einen Ihrer Mitarbeiter oder irgendeine andere Person aus Ihrem beruflichen oder privaten Umfeld – coachen wollen, ist eines von absolut grundlegender Bedeutung: zuhören. Viele Menschen und nicht wenige Chefs tun sich mit echtem Zuhören außerordentlich schwer: Während ihnen ihr Gesprächspartner etwas für ihn Wichtiges erzählt, denken sie schon an ganz andere Dinge; sie beziehen sich nur floskelhaft auf das, was der andere sagt, und kommen dann mit ihren eigenen

Punkten (die mit dem, worum es dem Gesprächspartner ging, so gut wie nichts zu tun haben); sie glauben, schon nach wenigen Worten verstanden zu haben, was Sache ist, und bringen dann einen „guten Tipp“, obwohl sie die Situation überhaupt nicht erfasst haben.

Echtes Zuhören ist eine anspruchsvolle Aktivität, auch wenn Sie als Zuhörer gerade eine ganze Weile nicht reden. Echtes Zuhören ist achtsames Zuhören.

Achtsamkeit im Coachinggespräch	
Als achtsamer Zuhörer sind Sie …	
präsent für Ihren Gesprächspartner und das, was er artikuliert,	
interessiert an dem, worum es Ihrem Gesprächspartner geht,	
bereit, sich in seine Welt, soweit sie gerade etwas über sie erfahren, einzudenken und einzufühlen,	
offen für Gesichtspunkte, die für Sie möglicherweise neu und unvertraut sind,	
mit Ihrer Reaktion bezogen auf das von Ihrem Gesprächspartner Angesprochene.	

Wenn Sie in dieser Weise im Gespräch achtsam sind, ist klar, dass es dabei nicht nur um die Ebene der Worte geht. Genauso wichtig wie das verbal Mitgeteilte ist das Nonverbale. Nonverbale Signale Ihres Gesprächspartners – seine Mimik, Gestik, Körperhaltung – geben Ihnen wichtige Anhaltspunkte dafür, mit welcher Energie und welchen Emotionen er gerade „unterwegs“ ist. Da sich körpersprachliche Signale viel weniger verstellen lassen als Gesprochenes, geben Ihnen diese Signale oft besonders klare Hinweise auf das Befinden Ihres Gegenübers. So können Sie beispielsweise wahrnehmen, ob das, was Ihr Gesprächspartner gerade sagt, durch seinen nonverbalen Ausdruck bekräftigt oder eher infrage gestellt wird.

Die Voraussetzung hierfür ist allerdings, dass Sie das Nonverbale ebenso wie das Verbale beachten und ernstnehmen.

> Trainieren Sie in verschiedenen Gesprächssettings – in Teammeetings, Projektbesprechungen, Gesprächen mit einzelnen Mitarbeitern, Kollegen etc. – immer mal wieder, Ihren Aufmerksamkeitsfokus vom gesprochenen Wort abzuziehen und zum Nonverbalen hinzulenken. Sie werden merken, dass Sie dabei im Laufe der Zeit Ihre Antennen für nonverbale Signale deutlich schärfen können, ohne wichtige Inhalte zu verpassen, zumal es in den meisten Gesprächen Phasen von Redundanz oder geringerer Wichtigkeit gibt.

Spiegeln

Eng verbunden mit achtsamem Zuhören und Wahrnehmen ist das Spiegeln. Beim Spiegeln geben Sie wieder, was Sie dem bisherigen Gespräch entnommen haben – sowohl in Bezug auf die von Ihrem Gesprächspartner formulierten Inhalte als auch in Bezug auf Gefühlslagen und Stimmungen, die Sie bei ihm wahrnehmen.

Nach meiner Erfahrung tun sich die meisten Führungskräfte gerade mit Spiegeln sehr schwer. Führungskräfte sind

Problemlöser. Sie sind quasi darauf geeicht, zielstrebig zum nächsten Problemlösungsschritt zu gehen. Sie sind es gewohnt, Warum-Fragen zu stellen, Maßnahmen zu planen oder ihren Gesprächspartner zu fragen, welche Unterstützung er nun konkret brauche.

Im Unterschied zu diesen bohrenden Fragen und nach vorne drängenden Schritten tritt man mit Spiegeln scheinbar auf der Stelle, da man ja nur etwas wiedergibt, was irgendwie schon da ist. Gleichzeitig kann dieses Spiegeln von größter Bedeutung sein, wenn es darum geht, mehr Klarheit über ein Thema zu bekommen, das direkt anzusprechen dem Gesprächspartner schwerfällt, zum Beispiel weil er – unter Umständen nur vage – Ängste oder Zweifel hat.

Spiegeln vermindert den Druck

Carola Franz, Teamleiterin bei einem großen Finanzdienstleister, hat ihre Mitarbeiterin Ilona Mertens zu einem Vieraugengespräch eingeladen. Ilona ist schon seit vielen Jahren in dem Team tätig. Während sie früher durch Leistungsfähigkeit, Engagement und Initiative hervorstach, ist ihre Leistung seit einem halben Jahr nur noch im unteren Durchschnittsbereich. Auch hat sie sich, obwohl sie früher sehr gut in der Gruppe integriert war, mittlerweile von allen Kontakten zurückgezogen, sodass sie – so Carolas Eindruck – an manchen Tagen kaum mehr als morgens „Hallo" zu den anderen sagt und sich dann den ganzen Tag schweigend an ihre Arbeit setzt.

Carola weiß, dass Ilona Diabetikerin ist und mehrmals am Tag ihren Blutzuckerspiegel messen und Insulin spritzen muss. Das war jedoch auch schon so, als sie vor vielen Jahren ihre Arbeit im Unternehmen aufnahm. Carola möchte das Gespräch nutzen, um zu erfahren, ob ihre Mitarbeiterin gegenwärtig einer besondere Belastung ausgesetzt ist bzw. ob sie sie irgendwie unterstützen kann.

Im ersten Teil des Gesprächs stellt Carola – so wie sie es auch sonst gewohnt ist – ihrer Mitarbeiterin eine Reihe von Warum-Fragen, zum Beispiel: „Warum haben Sie sich denn in den letzten Monaten so zurückgezogen?", „Warum sprechen Sie denn kaum noch mit den anderen in der Gruppe?", „Früher haben Sie immer auch noch Sonderaufgaben mit großer Initiative übernommen. Das scheint für Sie jetzt gar nicht mehr infrage zu kommen. Was ist denn der Grund dafür?" Die Reaktionen ihrer Mitarbeiterin erwecken bei Carola den Eindruck, dass diese sich durch die Fragen angegriffen fühlt. Sehr einsilbig verweist Ilona darauf, dass sie doch ihre Arbeit tue, was doch wohl die Hauptsache sei. Im Übrigen wisse ja auch jeder, dass sie Diabetikerin sei und damit einige Schwierigkeiten habe. Carola fragt ihre Mitarbeiterin noch, ob sie sie irgendwie unterstützen könne. Doch auch darauf erhält sie eine einsilbige Antwort. Sie – so Ilona – wisse nicht, was ihre Chefin für sie tun könne.

Nachdem sich das Gespräch eine Weile im Kreis gedreht hat, erkennt Carola, dass sie auf dem eingeschlagenen Weg nicht weiterkommt. Gleichzeitig hat sich ihr Eindruck verstärkt, dass es ihrer Mitarbeiterin überhaupt nicht gut geht. Im weiteren Gesprächsverlauf versucht Carola nun vor allem, genauer hinzuhören und besser zu verstehen, was mit ihrer Mitarbeiterin los ist. Sie spiegelt, was bei ihr ankommt.

Ilona: „Es macht für mich keinen Sinn, mit den anderen zu palavern."

Carola: „Es scheint für Sie zur Zeit ganz sinnlos, mit den anderen überhaupt ein Wort zu wechseln."

Ilona: „Ja, und manchmal frage ich mich, ob das alles noch einen Sinn hat, was ich hier tue."

Carola: „Mitunter erscheint Ihnen Ihre ganze Arbeit hier sinnlos."

Ilona: „Ja, das stimmt. Und dann bekomme ich Kopfschmerzen, die so stark sind, dass ich schon deshalb mit keinem mehr sprechen möchte. Ich versuche dann einfach nur noch, so gut es geht meine Arbeit zu erledigen."

Carola: „Es klingt so, als wäre es für Sie, wenn Sie diese Kopfschmerzen bekommen, sehr anstrengend, geradezu quälend, ihre Arbeit überhaupt noch zu tun."

Ilona: „Ja, das ist so."

...

Indem Carola „einfach" spiegelt, was bei ihr inhaltlich und gefühlsmäßig ankommt, erfährt sie über die Situation ihrer Mitarbeiterin mehr als durch die Warum-Fragen zuvor. Gegen Ende des Gesprächs vertraut ihr Ilona an, dass ihr Hausarzt ihr vor einiger Zeit gesagt hätte, sie habe eine Depression und solle eine Psychotherapie machen und Antidepressiva nehmen, was sie aber beides kategorisch abgelehnt habe.

Nachdem sich Carola bei einem internen Gesundheitsexperten über ein sinnvolles Vorgehen in einem solchen Fall erkundigt hat, führt sie mit Ilona ein weiteres Gespräch. Darin verständigen sich beide, dass Ilona bei einem externen Coach ein Coaching macht, um ihre Situation mit einem professionellen und psychologisch ausgebildeten Sparringspartner näher zu reflektieren. Durch das Coaching entschließt sich Ilona doch, eine Psycho- und eine fachärztlich begleitete Pharmakotherapie zu machen. Im Resultat gelingt es Ilona, ihre Depression nach ungefähr drei Monaten zu überwinden.

Spiegeln vermeidet eigene Wertung

Beim Spiegeln geben Sie wieder, was bei Ihnen inhaltlich und emotional von dem, was Ihr Gesprächspartner ausdrückt, ankommt – und zwar ohne Ihre eigenen Wertungen ins Spiel zu bringen. Spiegeln ist insbesondere dann sinnvoll, wenn Ihr Gesprächspartner starke Belastungen und emotionale Turbulenzen erlebt und/ oder wenn Sie sich vergewissern wollen, ob Sie ihn richtig verstanden haben.

Erkundendes Fragen

Das wichtigste Werkzeug des Coachs sind Fragen. Ein guter Coach ist immer auch ein guter Fragensteller. Wie wir schon gesehen haben, dienen Fragen im Coaching einerseits dazu, die jeweilige Situation und ihre Hintergründe und Einflussfaktoren besser zu verstehen; gleichzeitig helfen Fragen, neue Idee und Handlungsoptionen in den Blick zu nehmen. Grundsätzlich können dabei alle möglichen Typen von Fragen hilfreich sein, auch scheinbar ganz schlichte Verständnis- und Rückkopplungsfragen, zum Beispiel: „Habe ich richtig verstanden, dass …?“

Besonders zielführend im Coaching sind allerdings systemische Fragen. Diese Fragen wurden ursprünglich in der Beratung und Therapie von Familien als sozialen Systemen intensiv eingesetzt und weiterentwickelt.

Systemische Fragen

Systemische Fragen zielen darauf ab, wie Menschen wichtige Aspekte ihrer Welt interpretieren, von welchen Annahmen sie dabei ausgehen und welche Handlungsfolgen sie in ihrem jeweiligen Umfeld mit ihren Annahmen und Interpretationen produzieren.

Der theoretische Hintergrund dieses Ansatzes ist die gleichermaßen durch die Wissenschaften wie durch unsere Alltagserfahrung fundierte Erkenntnis, dass Menschen die Welt immer nur aus einer subjektiven Perspektive wahrnehmen können. Wir konstruieren also ständig – und meist ohne es zu merken – ein Bild der Welt, in der wir leben. Man kann daher auch sagen: Mit systemischen Fragen versuchen Sie, besser zu verstehen, wie Ihr Gesprächspartner wichtige Aspekte seiner Welt konstruiert und welche nützlichen und weniger nützlichen Handlungen aus diesen Konstruktionen resultieren. Die Fragen helfen Ihnen und Ihrem Gesprächspartner gleichzeitig auch zu erkennen, inwiefern modifizierte Interpretationen vermutlich zu günstigeren Handlungsfolgen führen würden.

Lassen Sie uns einige klassische systemische Fragetypen näher betrachten.

Einschätzungsfragen

Mit Einschätzungsfragen fragen Sie explizit nach der subjektiven Sichtweise Ihres Gesprächspartners in Bezug auf die jeweilige Situation, auf Bedingungen, Ursachen, Zusammenhänge, persönlichen Reaktionen etc. Sie fragen also zum Beispiel: „Was ist Ihre Wahrnehmung der aktuellen

Situation?", „Wie erleben Sie die Zusammenarbeit mit XY?", „Was glauben Sie, hat zu dem und dem Ereignis geführt?" Sie fragen nicht: „Wie *ist* die Situation?", „Wie *ist* die Zusammenarbeit mit XY?", „Was *war* die Ursache für das und das Ereignis?"

Was auf den ersten Blick ein kleiner Unterschied zu sein scheint, ist in vielen Situationen von großer Bedeutung. Geht es um offensichtlich eindeutige Fakten, ist es nicht nötig, Einschätzungsfragen zu stellen. Wenn Sie den Namen Ihres Gegenübers vergessen haben oder ihn fragen wollen, wo bei ihm das WC ist, müssen Sie nicht fragen: „Was glauben Sie, wie Sie heißen?", „Wo, denken Sie, ist bei Ihnen das WC?"

Ganz anders sieht es in komplexen Situationen, die man aus verschiedenen Perspektiven betrachten kann, aus – erst recht, wenn differente und konfliktträchtige Sichtweisen, Interessen oder Ziele ins Spiel kommen. Wenn Sie in solchen Situationen Ihren Gesprächspartner fragen: „Wie ist die Situation tatsächlich?" oder „Was ist die wirkliche Ursache von …?", kann es sein, dass Ihr Gesprächspartner daraufhin vor allem eines erlebt, nämlich Druck. Dann kann es passieren, dass Ihr Gesprächspartner meint, sich rechtfertigen zu müssen oder dass es nur noch darum geht, wer recht und wer unrecht hat.

Einschätzungsfragen, mit denen Sie explizit nach der subjektiven Sicht Ihres Gesprächspartners fragen, haben in komplexen Situationen mit differenten Betrachtungsmöglichkeiten folgende Vorteile:

- Sie machen es leichter, ohne Druck miteinander ins Gespräch zu kommen.
- Sie machen automatisch deutlich, dass es verschiedene Sichtweisen auf das Thema geben kann.
- Sie drücken aus, dass Sie ein Interesse daran haben zu erfahren, wie Ihr Gegenüber die Dinge sieht, und bringen dadurch Wertschätzung zum Ausdruck.
- Sie sind realitätsangemessener, da es ja um komplexe und facettenreiche Sachverhalte geht.

Operationalisierungsfragen

Mit Operationalisierungsfragen möchten Sie mehr darüber erfahren, welche beobachtbaren Anhaltspunkte es für allgemeine Urteile, erklärende oder bewertende Aussagen Ihres Gesprächspartners gibt. Fragen dieser Art sind beispielsweise: „Sie berichten, der Kunde sei nörgelig und unwirsch. Was tut und sagt der Kunde denn, dass Sie zu diesem Eindruck kommen?", „Woran machen Sie es fest, wenn Sie sagen, ‚bisher ist alles gut verlaufen'?", „Sie sagen, Kollege K sei oft unzuverlässig. Was wäre denn aus der letzten Zeit Ihres Erachtens ein Beispiel dafür?"

Operationalisierungsfragen sind nicht nur für Coachingthemen, sondern generell für die Einschätzung und Bewältigung komplexer Situationen essenziell. Menschen merken in der Regel gar nicht, wie wertend und verallgemeinernd die Aussagen, die sie gerade treffen, sind. Nicht selten sitzt mir ein Coachingkunde gegenüber, der mir im Brustton der Überzeugung beispielsweise über seinen Chef oder einen Mitarbeiter erzählt: „Diese Person ist absolut unehrlich, unzuverlässig und unberechenbar. Das ist leider eine Tatsache."

Offenbar drängt sich meinem Gesprächspartner dieser Eindruck über die erwähnte Person stark auf. Zu einer Tatsache wird das damit aber noch lange nicht. „Unehrlich", „unzuverlässig, „unberechenbar" etc. – all das sind reine Bewertungen. Wenn ich als Coach solche oder andere Bewertungen meines Coachees eins zu eins übernehmen würde, säßen wir beide schnell in der Falle, denn jetzt könnten wir – um im Beispiel zu bleiben – nur noch überlegen, wie man sich und den Rest der Welt vor einer „absolut unehrlichen, unzuverlässigen und unberechenbaren" Person schützen kann. Damit engt man das Lösungs- und Handlungsspektrum massiv ein – einmal abgesehen davon, dass man dem Betreffenden vielleicht auch noch Unrecht tut.

Wenn Sie ein möglichst konkretes und realitätsnahes Bild haben wollen, sollten Sie nach beobachtbaren Indikatoren fragen. Und dies gilt übrigens nicht nur in Bezug auf wertende Urteile, sondern zum Beispiel auch im Zusammenhang mit Zielvorstellungen. Wenn Ihnen einer Ihrer Mitarbeiter sagt: „Mir ist vor allem wichtig, dass es im Team gut läuft", wäre es hilfreich zu erfahren, woran der Mitarbeiter dies besonders festmacht, denn sonst kann es sein, dass Sie zwar glauben zu verstehen, was Ihr Mitarbeiter meint, er dabei aber vielleicht an ganz andere Dinge denkt als Sie.

> **!** Operationalisierungsfragen zielen auf beobachtbare Indikatoren für vorgebrachte Aussagen und Urteile. Diese Fragen sind elementar. Sie helfen Ihnen, ein möglichst konkretes und faktennahes Bild zu bekommen, Missverständnisse zu vermeiden und einen durch pauschale Urteile eingeengten Lösungsraum sinnvoll zu weiten.

Falls Sie sich in der einen oder anderen Situation Sorgen machen sollten, ob Ihr Gesprächspartner Ihre Operationalisierungsfragen als zu bohrend erlebt, so bedenken Sie bitte zweierlei:

1. Auch beim Fragenstellen macht der Ton die Musik – und das, was den Ton maßgeblich bedingt, nämlich Ihre innere Einstellung.
2. Sie können deutlich machen, dass es Ihnen darum geht, noch besser zu verstehen, was Ihr Gesprächspartner meint, um dann möglichst passgenau mit ihm nach Lösungen suchen zu können.

Differenzierungsfragen

Mit Differenzierungsfragen fragen Sie nach Abstufungen und Unterschieden. Diese Fragen stehen im Kontrast zu Fragen, auf die der Befragte mit „gut oder schlecht", „richtig oder falsch", „korrekt oder inkorrekt" antworten kann. Mit Differenzierungsfragen laden Sie Ihren Gesprächspartner ein, eine Einordnung in einem Spektrum vorzunehmen.

Beispiele für Differenzierungsfragen sind: „Auf einer Skala von null bis zehn, wobei null heißt ‚absolut miserabel' und zehn ‚absolut klasse': Wie schätzen Sie momentan die Qualität der Zusammenarbeit in dem Projektteam ein?"; „In Bezug auf die Umsetzung der zwischen uns im letzten Gespräch anvisierten Methoden und Maßnahmen: Womit haben Sie denn besonders gute Erfahrungen gemacht, was fanden Sie eher mittelprächtig und was tendenziell oder total schwierig?"

Keine Differenzierungsfragen wären in diesen Fällen Fragen wie: „Wie schätzen Sie die Qualität der Zusammenarbeit ein?"; „Wie lief die Umsetzung der besprochenen Methoden und Maßnahmen?" Natürlich kann Ihr Gesprächspartner auch auf solche Fragen differenziert antworten; in vielen Fällen wird er es aber nicht tun, zum Beispiel weil er gar nicht so genau darüber nachdenkt oder gerade alles recht emotional erlebt. Er läuft dann Gefahr, die Dinge zu schwarz-weiß und damit die Situation zu starr und die Handlungsmöglichkeiten zu eng zu sehen.

Differenzierungsfragen sind also besonders dann ein gutes Mittel, wenn es darum geht, einseitige Sichtweisen zu vermeiden und die Dinge facettenreicher, eben differenzierter zu betrachten. Gleichzeitig führen diese Fragen quasi wie von selbst zu Anschlussfragen, sodass man tiefer in ein Thema reinkommt.

Den Konflikt unter die Lupe nehmen

Roland Herzmann, Gruppenleiter, kommt zu seiner Chefin Monika Nobis, um sich mit ihr über den Umgang mit einem heftigen Konflikt zwischen zwei Teamkolleginnen in seiner Gruppe zu beraten.

In dem Gespräch fragt Monika: „Wie groß ist denn nach Ihrer Wahrnehmung gerade die Spannung zwischen Frau A und Frau B? Eher sehr groß, groß, mittel oder gering?"

Roland: „Ich denke, sie ist im Moment schon sehr groß."

Monika stellt auf diese Einschätzung hin eine Operationalisierungsfrage: „Woran machen Sie das denn fest?"

Roland: „Die beiden sprechen faktisch nicht mehr miteinander."

Monika: „Und ist Ihrer Ansicht nach für beide der Konflikt momentan gleichermaßen gravierend oder gibt es da Unterschiede?"

Roland: „Ich denke, für Frau A ist der Konflikt gerade noch schwerwiegender; sie geht nicht einmal mehr in das Büro von Frau B, obwohl sie dort ja auch mit den anderen drei Kolleginnen zusammenarbeiten muss."

Monika: „Angenommen, Sie selbst machen jetzt in Bezug auf den Konflikt gar nichts weiter und überlassen die Sache den Beteiligten: Wie wird sich das vermutlich auf die Atmosphäre und die Zusammenarbeit zwischen den beiden auswirken?"

Roland: „Ich bin mir sicher, es würde noch schlimmer."

Monika: „Hm. Wenn ich Sie vor dem Konflikt neulich gefragt hätte, wie gut die beiden miteinander klarkommen – sehr gut, gut, mittel, nicht so gut oder gar nicht gut –, was hätten Sie mir denn da geantwortet?"

Roland: „Im Grunde auch schon nicht so gut. Zwar haben sich die beiden mal gut verstanden, nämlich im ersten Jahr ihrer Zusammenarbeit, aber seit ungefähr sechs Monaten wird es ständig schwieriger ..."

Mit Differenzierungsfragen zoomen Sie quasi tiefer in ein Thema hinein. Sie können dabei

- Unterschiede auf der Zeitachse fokussieren;
- Unterschiede in den Sichtweisen verschiedener Beteiligter vergleichen;
- die Wirkung von Handlungsoptionen hinsichtlich des thematisierten Merkmals (zum Beispiel „Spannung" oder „Qualität der Zusammenarbeit") durchspielen;
- Zielvorstellungen differenziert erfassen.

Differenzierungsfragen bringen, wie der Name schon sagt, mehr Differenzierung ins Spiel. Sie sind ein gutes Mittel, um einseitige, polarisierte Sichtweisen wieder auszubalancieren bzw. ihnen vorzubeugen. Gleichzeitig bringen sie mehr Tiefenschärfe in ein Thema, da sie wie von selbst weiteres Nachfragen anregen.

!

Hypothetische Fragen

Mit hypothetischen Fragen fokussieren Sie Szenarien und Optionen. Es handelt sich um Fragen der wie: „Was wäre wenn …?", „Angenommen, dass …?", „Gesetzt den Fall, dass …?"

Was wäre wenn …?

Ein Beispiel für eine hypothetische Frage haben wir gerade im letzten Beispielkasten gehabt, als Monika Nobis ihren Mitarbeiter Roland Herzmann fragte: „Angenommen, Sie überlassen die Sache den Beteiligten: Wie wird sich das wohl auf die Atmosphäre und die Zusammenarbeit zwischen den beiden auswirken?" Bei der Betrachtung denkbarer Optionen könnte Monika auch noch folgende Fragen stellen: „Wenn Sie Frau A und Frau B ohne weitere Zwischenschritte im Laufe der nächsten Tage zu einem Klärungsgespräch zu dritt einladen würden, was glauben Sie würde passieren? Wie würden die beiden reagieren? Wie groß wäre wohl die Gesprächsbereitschaft bei jeder der beiden und das Interesse, sich mit der anderen zu verständigen? Und wie wäre es wohl, wenn Sie mit jeder zuvor unter vier Augen sprechen würden?"

Hypothetische Fragen dienen dazu,

- Optionen und Szenarien miteinander zu vergleichen;
- sich konkret mit denkbaren Konstellationen, ihren Voraussetzungen, Teilschritten, zu erwartenden Folgen etc. zu beschäftigen;
- den Einfluss unterschiedlicher Bedingungen zu überprüfen;
- kreatives Denken für neue Möglichkeiten freizusetzen.

Indem hypothetische Fragen Ihnen und Ihrem Gesprächspartner helfen, verschiedene Konstellationen zu vergleichen und dabei Lösungsoptionen zu optimieren oder neu zu kreieren, sind diese Fragen ein ideales Instrument sowohl zum besseren Verstehen wie auch zum Finden geeigneter Handlungsmöglichkeiten.

Lassen Sie uns noch zwei besonders hilfreiche und interessante Untertypen hypothetischer Fragen betrachten: sogenannte „Selbstmord- bzw. Verschlimmerungsfragen" einerseits und „Wunder- bzw. Wunschfragen" andererseits.

Selbstmord- und Verschlimmerungsfragen

Ebenso seltsam wie die Bezeichnung sieht zumindest auf den ersten Blick auch der Fragetyp aus, der sich dahinter verbirgt. Selbstmordfragen kann man Fragen nennen, die sich darauf beziehen, wie man den schlimmstmöglichen Fall selbst herbeiführen kann bzw. wie man eine Situation auf jeden Fall (noch weiter) verschlechtern kann. Letzteres wäre dann eine Verschlimmerungsfrage. Inwiefern kann es sinnvoll sein, solche seltsamen Fragen zu stellen?

Betrachten wir ein Beispiel. Angenommen, Sie fragen einen Ihrer Mitarbeiter in einem Coachinggespräch: „Was müssten Sie wohl tun, damit der Kunde, mit dem es in den letzten Wochen schon so schwierig lief, bei der nächsten Begegnung mit Ihnen sagt ‚Jetzt reicht's. Ich breche sofort und für immer diesen Geschäftskontakt ab'?" Offensichtlich spielt diese Frage mit Paradoxie; denn natürlich möchte man den Kunden – in aller Regel – nicht wirklich ein für allemal verlieren.

Paradoxe Fragen, zu denen Selbstmord- und Verschlimmerungsfragen gehören, setzen das Denken stärker in Bewegung; und dies ist schon mal ein großer Vorteil. Zugleich entsteht eine starke Fokussierung. Fragen Sie einfach nach den Bedingungen, auf die man achten sollte, damit es gut läuft, so lassen sich mit Fug und Recht Dutzende, wenn nicht Hunderte von Bedingungen nennen, die alle irgendeine

Rolle spielen. Fragen Sie aber, was man tun sollte, damit der Karren sicher gegen die Wand gefahren wird, so fokussieren Sie auf die entscheidenden Aspekte. Selbstmordfragen rücken also die absolut erfolgskritischen Bedingungen ins Licht – diejenigen Bedingungen, die man braucht wie die Luft zum Atmen.

Zugleich betonen Selbstmord- und Verschlimmerungsfragen die Rolle des Akteurs im Befragten. Gerade in Situationen, in denen Menschen das Gefühl haben, dass sie selbst doch alles tun, was möglich ist, und nur der oder die anderen sich unangemessen verhalten, entsteht schnell der Eindruck, dass man nichts mehr tun kann. Man fühlt sich als Opfer widriger Umstände und problematischer Mitspieler.

Die Frage „Was müssten Sie tun, damit alles noch schlechter wird oder total scheitert?" fokussiert auf den Handlungsspielraum Ihres Gesprächspartners. Wenn Ihr Gesprächspartner Ihnen jetzt Handlungsmöglichkeiten benennt, mit denen er gezielt eine (weitere) Verschlechterung erreichen kann, wird sofort deutlich, dass er die Situation aktiv beeinflussen kann, und zwar in beide Richtungen. Was man verschlechtern kann, kann man grundsätzlich auch verbessern.

Es geht nun allerdings nicht darum, Ihren Gesprächspartner mit solchen Fragen zu überführen im Sinne von „Jetzt habe ich Ihnen mal gezeigt, dass Sie doch nicht das Opfer sind, sondern der Täter". Vielmehr sollen diese Fragen Ihren Gesprächspartner unterstützen, in einer ihm frustrierend und vielleicht sogar schon aussichtslos erscheinenden Situation zu entdecken, was er selbst noch bewirken kann.

Bloß nicht noch mehr desselben

Elsa Nebuhr, eine Coachingkundin von mir, hatte schnell Karriere gemacht. Zu dem Zeitpunkt, als ich sie kennenlernte, war sie gerade erneut befördert worden und hatte nun einen der Bereichsvorstände Ihrer Firma als direkten Chef. Zu den großen Stärken Elsas gehört, dass sie sehr gewinnend, kommunikativ und beziehungsorientiert ist und hervorragend Netzwerke aufbauen kann. Ihr neuer Chef war – ganz im Kontrast zu ihr – ein sehr distanzierter Mensch, analyse- und entscheidungsstark, aber wenig beziehungsorientiert.

Elsa tat nun, was sie gewohnt war zu tun: Sie suchte Kontakt- und Gesprächsmöglichkeiten, formell und informell. Allerdings endeten die Gespräche mit ihrem Chef, besonders die informellen, immer sehr schnell. Elsa machte daraufhin etwas für sie ganz Natürliches: Sie suchte mehr Gesprächsgelegenheiten mit ihrem Chef, um die Beziehung aufzubauen. Leider wurden die Gespräche nun immer noch kürzer.

Es spitzte sich alles so zu, dass Elsa, als sie ca. drei Monate nach Antritt ihrer neuen Stelle zu mir ins Coaching kam, der festen Überzeugung war, man hätte sie nur deshalb befördert, um sie jetzt abservieren zu können.

Ich stellte Elsa im Verlauf unseres ersten Gesprächs die Verschlimmerungsfrage, was sie denn glaube tun zu müssen, damit ihr Chef noch kürzer angebunden und noch abweisender auf sie reagiere. Elsa wurde nachdenklich und meinte dann: „Wahrscheinlich muss ich einfach noch mehr Kontakt zu ihm suchen."

Die paradoxe Frage löste einen Aha-Effekt aus. Elsa erkannte, dass das, was für sie absolut selbstverständlich ist, nämlich viel und auch persönlichen Kontakt herzustellen, nicht bei jedem gleichermaßen gut ankommt. Sie musste angesichts ihres neuen Chefs lernen, den Schwerpunkt der Interaktion mehr in Richtung Sachbezogenheit zu verschieben.

Anders als etwa Einschätzungs- oder Operationalisierungsfragen werden Sie Selbstmord- und Verschlimmerungsfragen nicht in jedem Coachinggespräch stellen. Gleichwohl können diese Fragen wichtige Denkprozesse und Einsichten auslösen, typischerweise in folgenden zwei Fällen:

- Ihr Gesprächspartner erlebt eine Situation als äußerst schwierig und frustrierend und hat das Gefühl, alle seine Möglichkeiten ausgereizt zu haben.
- Sie haben den Eindruck, dass Ihr Gesprächspartner mit hohem Engagement dabei ist, kritische Effekte zu erzielen.

Damit derlei Fragen von Ihnen als coachendem Chef hilfreich und nicht kontraproduktiv wirken, brauchen Sie

- das Bewusstsein, dass Ihr Gesprächspartner in der Lage ist, die Dinge besser zu gestalten, als es aktuell geschieht.
- etwas Abstand zum Geschehen, damit Sie die Portion Leichtigkeit aufbringen, die paradoxe Fragen benötigen.

! Mit Verschlimmerungs- und Selbstmordfragen erfragen Sie, was Ihr Gesprächspartner aktiv tun müsste, um eine ohnehin schwierige Situation weiter zu verschlechtern bzw. ganz zum Scheitern zu bringen. Diese Fragen spielen mit Paradoxie. Sie aktivieren die positive Kraft des negativen Denkens und können Ideen für bisher nicht gesehene Gestaltungsmöglichkeiten hervorbringen.

Wunder- und Wunschfragen

Wunder- und Wunschfragen richten sich darauf, wie sich Ihr Gesprächspartner ein ideales Szenario (Wunderfrage) bzw. ein sehr gutes Szenario (Wunschfrage) vorstellt. Solche Fragen haben immer einen visionären Aspekt.

Ein Beispiel für eine detaillierte Wunderfrage ist: „Wenn alles in Ihrem Projektteam ideal laufen würde, wie stellen Sie sich dann das Zusammenspiel der Teammitglieder untereinander und nach außen hin vor? Wie ist die Kommunikation im Team und zwischen den Teammitgliedern, wie zwischen dem Team und Ihnen als Projektleitung, dem Steuerkreis und wichtigen Dritten? Wer zeigt sich wofür verantwortlich? Wie geht man mit Spannungen wie zum Beispiel Kapazitätsengpässen oder widersprüchlichen Erwartungen um? Wie unterstützen sich die Teammitglieder untereinander und wie unterstützen Sie die Teammitglieder? Wie wird das Projektteam von wichtigen Dritten wahrgenommen?"

Eine Wunderfrage ist nicht dadurch beantwortet, dass man sagt: „Ideal ist, wenn alles prima läuft und folgende zwei Kennziffern erfüllt werden: ..." Stattdessen gilt es, ein möglichst anschauliches, konkretes Bild zu zeichnen, das die relevanten Kontextfaktoren und Perspektiven berücksichtigt. Dies ist aus zwei Gründen essenziell:

- Motivation und positive Handlungsenergie werden nur dann entstehen, wenn ein Zielbild greifbar ist.
- Erst durch die Konkretisierung und Kontextbezogenheit des Bildes wird es möglich, den skizzierten Idealzustand auf seine Realisierbarkeit hin zu überprüfen.

Genau diese Anforderungen machen Wunder- und Wunschfragen allerdings auch anspruchsvoll. Es drohen drei Fallen:

1. Menschen tun sich oft schwer, über den Tellerrand ihrer normalen Erfahrungen hinauszublicken. Sie bleiben sozusagen am Gegebenen kleben, gehen automatisch davon aus, dass alles weiter so bleibt, wie es ist, und verhindern damit visionäre Entwicklung.
2. Wenn ideale Zustände skizziert werden, werden oft Wünsche vorgebracht, die offensichtlich völlig unrealistisch sind. Dann ist man hinterher noch frustrierter als vorher.
3. Häufig wird ein ideales Szenario nur über Negierung beschrieben: „Wirklich gut ist es, wenn die Probleme endlich alle nicht mehr da sind." Eine solche Negierung ist natürlich kein positives Zukunftsbild und stellt sich bei näherer Betrachtung nicht selten als Variante von Falle 1 oder 2 heraus.

Entgegen dem ersten Anschein („Wünsch dir was!") sind Wunder- und Wunschfragen, wenn man sie substanziell nutzen möchte, also gar nicht so leicht zu handhaben. Natürlich gibt es einfachere Themen, für die es sich auch lohnt, auf den gewünschten Zielzustand zu schauen. Sobald es aber komplexer wird, brauchen Sie für diese Fragen auf jeden Fall etwas mehr Zeit und viel Genauigkeit beim Hinsehen.

! Mit Wunder- und Wunschfragen fragen Sie Ihren Gesprächspartner, wie er sich einen idealen oder jedenfalls sehr guten Zielzustand vorstellt. Im Coaching helfen Ihnen diese Fragen, Klarheit über Zielzustände, Motivation und Handlungsstringenz zu generieren.

Zirkuläre Fragen

Normalerweise fragt man seinen Gesprächspartner direkt: „Was halten Sie von …?“, „Woran erkennen Sie, dass …?“, „Wie erleben Sie den Unterschied zwischen … und …?“ etc. Bei zirkulären Fragen passiert etwas anderes: A fragt B, was B denkt, was C denkt. Diese Fragen sind eine Einladung zum Perspektivenwechsel. Der Befragte wird eingeladen, die Perspektive eines relevanten Dritten einzunehmen. Ein Beispiel für eine solchen Fragenreihe ist: „Was, denken Sie, erwartet der Kunde am meisten von uns? Was hat ihn wohl im letzten Gespräch so verstimmt? Wie würde er es wohl finden, wenn wir ihm das und das morgen vorschlagen? Welche Einwände könnte er gegen einen solchen Vorschlag bringen und welche Vorteile würde er vermutlich darin sehen?“

Bei allem, was wir tun, geht es immer auch um ein Zusammenspiel mit anderen – Kunden, Mitarbeitern, Kollegen, Schnittstellenpartnern, Kooperationspartnern, Institutionen, Medien etc. Dieses Zusammenspiel wird in der Regel umso besser funktionieren, je bewusster wir uns der erfolgskritischen Wünsche, Erwartungen und Vorstellungen wichtiger Dritter sind und je besser wir uns darauf einstellen. Hier helfen zirkuläre Fragen.

Nicht immer werden Sie allerdings eine entsprechende Antwort bekommen, auch wenn Sie eine waschechte zirkuläre Frage gestellt haben. Ich erlebe zum Beispiel immer wieder Folgendes: Wenn ich meinen Gesprächspartner in Bezug auf eine andere Person, mit der mein Gesprächspartner Meinungsverschiedenheiten oder Konflikte hat, frage: „Was glauben Sie, möchte der andere von Ihnen gegenwärtig am meisten?“, bekomme ich oft eine Antwort wie „Der hat völlig unangemessene Vorstellungen, beispielsweise ...". Klar ist: Dies ist nicht die Perspektive des Dritten, sondern nach wie vor die Eigenperspektive meines Gesprächspartners.

Unabhängig von Intelligenz, Kompetenz und Engagement hängen Menschen stark an ihrer subjektiven Perspektive, und manchmal – insbesondere auch bei coachingrelevanten Themen – stecken sie geradezu darin fest. Es ist daher schwierig, in eine andere, deutlich abweichende Perspektive zu wechseln, vor allem wenn stärkere Emotionen oder identitätsstiftende Faktoren ins Spiel kommen. Als Coach müssen Sie Ihrem Gesprächspartner deshalb oft beim Perspektivenwechsel helfen.

! Wenn sich Ihr Gesprächspartner XY schwertut, aus seiner eigenen Perspektive heraus- und in die Perspektive eines wichtigen Dritten hineinzukommen, hilft es, wenn Sie in Ihrer Frage den Wechsel der Perspektive plastisch machen: „Angenommen, Herr Meier säße hier im Raum mir gegenüber, wir hätten ein offenes und vertrautes Verhältnis zueinander und ich würde ihn fragen: ‚Was erwarten Sie momentan am stärksten von Herrn XY', was würde er mir wohl antworten?"

Ein Spezialfall der zirkulären Frage liegt vor, wenn Sie Ihren Mitarbeiter bitten, sich in Ihre, also die Chefperspektive zu versetzen. Natürlich können auch solche Fragen sinnvoll sein; allerdings sollten Sie dabei besonders darauf achten, dass sich Ihr Mitarbeiter von Ihnen nicht genötigt fühlt, eine bestimmte Art von Antwort, die vielleicht auch noch konträr zu seinen eigenen Interessen steht, zu geben („Was würden

Sie denn an meiner Stelle zu Ihrer aktuellen Forderung nach Gehaltserhöhung sagen?").

Zirkuläre Fragen haben im Coaching wichtige Funktionen:

- Sie helfen, sich mit der Perspektive relevanter Dritter (Kunden, Mitarbeiter, Schnittstellenpartner etc.) systematisch zu beschäftigen und sich darauf angemessen einzustellen.
- Sie geben Ihnen Aufschluss über mentale Landkarten Ihres Gesprächspartners und daraus entstehende Handlungstendenzen.
- Sie eröffnen Ihnen die Möglichkeit, die mentalen Landkarten Ihres Gesprächspartners mit Ihren eigenen zu vergleichen.
- Sie sind ein gutes Mittel, um sich konkret auf bevorstehende Gespräche, Verhandlungen etc. vorzubereiten.

Lösungsfragen

Das Ziel von Lösungsfragen ist herauszufinden, was Ihr Coachee bereits versucht hat, um die anstehende Herausforderung oder vergleichbare frühere Situationen zu meistern und welche positiven oder kritischen Erfahrungen er dabei gesammelt hat. Beispiele für Lösungsfragen sind: „Welche Lösungsversuche haben Sie denn bisher schon unternommen?", „Welche Strategien und Methoden haben Sie dabei eingesetzt?", „Welche Erfahrungen haben Sie gemacht?",

„Was hat sich in Ihren Augen gut bewährt?", „Was war eher weniger oder gar nicht hilfreich?", „Welche Schlussfolgerungen haben Sie daraus gezogen?"

Fragen zu bisher unternommenen Lösungsversuchen brauchen Sie in jedem Coaching – und zwar aus handfesten Gründen:

- Sie helfen Ihnen zu erkennen, in welcher Richtung Ihr Coachee schon Aktivitäten entfaltet hat.
- Sie helfen Ihnen und Ihrem Coachee zu unterscheiden, wo mögliche Hebelwirkungen liegen und wo eher nicht.
- Sie helfen Ihnen, das Rad nicht ein zweites Mal erfinden zu müssen.
- Sie geben Ihnen immer auch Aufschluss über innere Haltungen, Annahmen, Stärken und blinde Flecke Ihres Coachees.

Wie Sie sie in der Kunst des Fragens üben

Entwickeln Sie Ihre Kompetenz im Umgang mit Fragen, insbesondere auch im Umgang mit systemischen Fragen, gezielt weiter. Es lohnt sich! Auch wenn Sie heute die meisten dieser Fragen schon intuitiv verwenden, gehe ich mit Ihnen jede Wette ein, dass Sie das deren echtes Potenzial in Coachingsituationen und bei anderen Gesprächen noch signifikant stärker nutzen – und dadurch Ihre Wirksamkeit in der Gesprächsführung noch deutlich erhöhen – können.

- Bereiten Sie sich auf anspruchsvolle Gesprächssituationen vor, indem Sie sich – neben Ihren Zielvorstellungen und Grundstrategien – geeignete Fragen überlegen.
- Reflektieren Sie im Nachgang zu anspruchsvollen Gesprächssituationen, welche Fragen Sie tatsächlich gestellt haben, was Sie damit erreicht haben und welche Fragen Sie noch hätten stellen können.
- Nehmen Sie sich bestimmte Fragetypen vor, auf die Sie etwa in der nächsten Arbeitswoche gezielt achten wollen. Machen Sie eine Woche der Differenzierungsfragen, der hypothetischen Fragen etc., womit natürlich nicht gemeint ist, dass Sie dann stereotyp nur solche Fragen formulieren (sonst heißt es: „In welchem Seminar war der denn?"), sondern dass Sie ganz bewusst auch diese Fragen stellen.

Feedback geben

Über die zentrale Bedeutung von Feedback im Coaching haben wir bereits ausführlich gesprochen. Daher möchte ich mich hier mit einer kurzen Zusammenfassung begnügen und noch einen Punkt anfügen.

Als Coach geben Sie Ihrem Coachee gezielt klares, konkretes, wertschätzendes und differenziertes Feedback zu

- Ihrer Einschätzung der jeweiligen Situation;
- dem Vorgehen Ihres Coachees;
- den von ihm im Coaching geäußerten Vorstellungen und Ideen;

Übersichtstabelle: Systemische Fragen		
Fragetyp	**Kennzeichen**	**Beispiel**
Einschätzungsfragen	A fragt B nach seinen subjektiven Ansichten und Einschätzungen zu einer Situation, zu Bedingungen, Ursachen und Folgen etc.	„Wie erleben Sie gegenwärtig die Fortschritte im Projekt? Was, denken Sie, hat sich besonders gut entwickelt, was läuft noch nicht so gut?"
Operationalisierungsfragen	Fragen nach Indikatoren und Beobachtbarem in Hinblick auf einen zur Diskussion stehenden Sachverhalt	„Wenn unser Ziel heißt „mehr Kundenorientierung", woran würden denn unsere Kunden merken, dass wir noch stärker an ihren Wünschen orientiert sind?"
Differenzierungsfragen	Fragen nach genaueren Unterscheidungen, z. B. in Form von Prozent-, Skalen- oder Klassifizierungsfragen	„Was glauben Sie, zu wie viel Prozent erfüllen Sie derzeit die Erwartung Ihrer Kunden, schnell und zuverlässig beliefert zu werden?"
Hypothetische Fragen	Fragen zu Möglichkeiten und Szenarien: „Was wäre, wenn …?"	„Wenn die Qualitätsprobleme in den nächsten Monaten so bleiben: Welche Auswirkungen wird das wohl auf die Beziehung zu unseren Kunden haben?"

Selbstmord-fragen	Fragen der Art: „Was müssen wir/Sie/ich tun, um die Sache (das Projekt, den Job, das Unternehmen, die Beziehung etc.) möglichst schnell und möglichst gründlich gegen die Wand zu fahren?"	„Was, glauben Sie, müssten wir tun, um diesen Großkunden, der sich in letzter Zeit immer wieder über unsere schlechte Produkt- und Servicequalität beklagt hat, endgültig zu verprellen?"
Wunder-fragen	Fragen, die beleuchten, wie der bestmögliche Zustand aussieht	„Angenommen, es käme eine gute Fee zu uns und wir könnten uns den bestmöglichen Zustand für unser Team wünschen: Wie sähe dann die Welt bei uns wohl aus?"
Zirkuläre Fragen	Fragen, die zum Perspektivenwechsel einladen: A fragt B, was B meint, was C denkt, will, beabsichtigt, fühlt etc.	„Was glauben Sie, was diesem Kunden besonders wichtig ist? Was erwartet er wohl von uns und worauf achtet er vor allem?"
Lösungs-fragen	Fragen, um herauszufinden, welche Lösungsstrategien in der aktuellen oder auch in vergleichbaren früheren Problemsituationen schon versucht worden sind und welche Erfahrungen damit gemacht wurden	„Welche Lösungsversuche haben Sie bisher schon unternommen? Welche Erfahrungen haben Sie dabei gemacht? Was hat sich in Ihren Augen bewährt? Was hat sich als schwierig erwiesen?"

- seinen für Sie erkennbaren inneren Haltungen, Bedürfnissen, Stärken, einseitigen Sicht- und Vorgehensweisen;
- auffälligen nonverbalen Signalen;
- von Ihnen wahrgenommenen Entwicklungen und Fortschritten innerhalb Ihrer Gespräche sowie im Umsetzungsprozess.

Bestimmt haben Sie auch schon die Erfahrung gemacht, dass man mit einem lehrbuchartigen Feedback nicht in jedem Fall beim Gesprächspartner durchdringt, selbst wenn man es auf verschiedene Weise versucht. Dies kann unterschiedliche Gründe haben, zum Beispiel blinde Flecke, eine ausgeprägte Stresssituation, heftige Emotionen oder grundlegend differente Werte und Vorstellungen.

Erscheint Ihnen ein Feedbackthema besonders wichtig, ist es naheliegend, auch Rückmeldungen relevanter Dritter (Kunden, Kollegen, Mitarbeiter etc.) miteinzubeziehen, sei es, dass Sie darauf Bezug nehmen (sofern Ihnen diese Rückmeldungen bekannt sind) oder dass Sie Ihren Coachee bitten, sich direkt Feedback von diesen Dritten zu holen. Eine weitere Strategie ist, Feedback zu pointieren. Man könnte auch sagen: Sie legen einen Gang zu und konfrontieren Ihr Gegenüber mit Ihren Eindrücken.

Damit ist nun allerdings definitiv nicht gemeint, den Gesprächspartner zu überfahren, ihn mit Vorwürfen zu überziehen oder ihn gar persönlich zu attackieren. Gemeint ist das, worum es Ihnen geht, deutlich akzentuierter, greller und zugespitzter zu artikulieren – all dies allerdings auf einer Basis von Wertschätzung und Vertrauen. Mit dieser Art von Rückmeldung tun sich Führungskräfte nach meiner Erfahrung nicht leicht.

Den Coachee konfrontieren

Ein früherer Coachingkunde von mir, Führungskraft im Vertrieb, Mitte 30, verheiratet und Vater zweier kleiner Kinder, erzählte mir gleich in der ersten Viertelstunde unserer ersten Begegnung, dass er seinen Vollbart trage, um seine Mutter zu erschrecken. Dann berichtete er mir angeregt davon, welche seiner Mitarbeiterinnen er wie attraktiv fände und wie er abends nach Workshops und Teamevents mit ihnen an der Bar flirte und welche Fantasien ihm dabei durch den Kopf gingen. Ich bekam den Eindruck, es hier mit jemandem zu tun zu haben, der zwar einerseits beruflich und privat mitten im Leben steht, gleichzeitig aber deutliche Anzeichen von Unreife zeigt. Ich sagte meinem Gegenüber „Wenn man in der Pubertät ist, hat man diese Themen; und wenn einen die Pubertät erst mit Mitte 30 erwischt, ist sie besonders heftig ..." Durch das natürlich nicht konfrontationsfreie Bild der ‚Pubertät mit Mitte 30' kamen wir erstaunlich schnell und erstaunlich gut ins Gespräch zu den Themen und Konflikten, die meinen Coachingkunden zu der Zeit stark bewegten.

Wenn Ihnen ein Verhaltensmuster Ihres Gesprächspartners besonders übertrieben, einseitig, verzerrt oder unangemessen erscheint, bekommen Sie zumeist ganz automatisch innere Bilder, zum Beispiel „einsamer Rächer", „Diva", „trotziges Kind", „Oberlehrer", „Welterretter" etc. Hierin liegt der Fundus für Ihre Pointierungen. Dabei sollten Sie sich natürlich bewusst sein, dass es sich hier um Bilder und nicht um die Realität handelt; und dies sollten Sie, wenn Sie Ihre Bilder ansprechen, auch deutlich machen.

!

Gewinnen Sie den Eindruck, dass Ihr Feedback bei Ihrem Gesprächspartner nicht ankommt, schöpfen Sie aus Ihren inneren Bildern, um Ihr Feedback zuzuspitzen. Sie dürfen hier mutig sein und Ihre Wahrnehmungen stark pointieren – jedenfalls dann, wenn Sie sich auf folgende Fragen ein klares „Ja" als Antwort geben können:

- Wertschätze ich meinen Gesprächspartner auch jetzt in diesem Moment?
- Haben wir eine gute und tragfähige Beziehung zueinander?
- Traue ich meinem Gesprächspartner zu, sein eigenes Verhaltensmuster mit einer gewissen inneren Distanz zu betrachten und Zugang zu Alternativen zu finden?
- Schätze ich meinen Gesprächspartner so ein, dass er auch ein zugespitztes Feedback gut nehmen kann, ohne verletzt zu sein?

Hypothesen und Ideen entwickeln

Lassen Sie uns noch einmal auf den Punkt bringen, was wir schon im Zusammenhang mit der Besprechung von Phasen im Coaching über Hypothesen und Ideen festgestellt haben:

- Hypothesen sind Erklärungsmodelle, die dem besseren Verstehen dienen: Sie beziehen sich auf angenommene Ursachen, Wechselwirkungen und Dynamiken.
- Ideen liefern Ansätze für Lösungsmöglichkeiten.

- Hypothesen und Ideen ergeben sich im Coaching zumeist ganz automatisch aus dem Prozess intensiven Erkundens.
- Idealerweise werden sie vom Coachee entwickelt, angeregt durch Fragen und Feedbackpunkte des Coachs.
- Auch der Coach darf Hypothesen und Ideen ins Spiel bringen, wobei er aber darauf achten sollte, dass er dies dosiert tut und dem Coachee damit nur Angebote macht (und keine Anweisungen gibt).

Wie können Sie als Coach hilfreiche Hypothesen und Ideen inspirieren bzw. selbst produzieren? Hierzu möchte ich Ihnen drei methodische Hinweise geben.

Beschreiben, Erklären und Bewerten differenzieren

Die Unterscheidung zwischen diesen drei Begriffen bezieht sich auf drei Ebenen, auf die wir in unserem Denken und Sprechen über die Welt gehen können. „Beschreiben" meint dabei, Beobachtbares festzuhalten, also gleichsam Zahlen, Daten, Fakten anzugeben. „Erklären" meint, für das Beschreibbare kausale Hypothesen zu produzieren, also Antworten auf die Fragen „Warum ist es wohl so?", „Wie funktioniert es?". „Bewerten" meint unsere persönliche Resonanz auf das Wahrgenommene, also: Wie gefällt uns das, was wir gerade erleben, welche Emotionen, Assoziationen und Impulse löst es in uns aus?

In allem, was wir tun, sind diese drei Ebenen enthalten – selbst in scheinbar einfachsten Handlungen. Angenommen, Sie sind in Ihrem Büro und erwägen, einen Kaffee zu trinken. Damit Sie dies wirklich tun können, brauchen Sie zumindest in impliziter Form eine Beschreibung, eine Erklärung und eine Bewertung. Sie müssen eine konkrete Vorstellung davon haben, wo sich in Ihrer Nähe Kaffee bzw. die Möglichkeit zum Kaffeekochen befindet (Beschreiben, was ist). Sie brauchen Hypothesen, wie Sie an den Kaffee herankommen: vom Schreibtisch aufstehen, zu dem Ort gehen, wo die Kaffeekanne bzw. Kaffeemaschine steht, eine Tasse nehmen, die Kaffeekanne aufdrehen bzw. die Maschine in Gang setzen etc. (Erklären, wie es funktioniert).

Sie glauben, dies seien gar keine Hypothesen, sondern einfach nur triviale Tatsachen? Mögen die Zusammenhänge vielleicht trivial sein – Hypothesen sind es auf jeden Fall. So könnten Sie zum Beispiel, während Sie sich aus der Kaffeekanne etwas einschenken, bemerken, dass aus der Kanne nur Wasser oder Tee oder ich weiß nicht was kommt, aber eben kein Kaffee. Dass Sie vor dem Hintergrund zahlreicher ähnlicher Erfahrungen wie selbstverständlich davon ausgehen, in der Kanne Kaffee vorzufinden, ändert nichts daran, dass es sich hier um eine Hypothese handelt. Es könnte auch anders sein – und gelegentlich ist es das auch.

Zu guter Letzt brauchen Sie, um ins Handeln zu kommen, außerdem noch eine Antwort auf die Frage: „Möchte ich jetzt wirklich Kaffee oder nicht?" (Bewerten, wie es sich subjektiv darstellt).

Der Großteil der mentalen Prozesse, die unserem Denken und Handeln zugrunde liegen, wird uns für gewöhnlich nicht bewusst. Diese Prozesse – wie etwa die implizite Hypothese, wie man an den Kaffee kommt – laufen automatisiert und mit hohem Tempo ab, was im Hinblick auf unsere Überlebensfähigkeit absolut sinnvoll ist. Gleichzeitig liegt hierin aber auch einer der Hauptgründe dafür, dass wir – wie wir eben gesehen haben – gar nicht bemerken, dass wir die Dinge schon wieder interpretieren, während wir glauben, nur zu beschreiben. In unserem einfachen Beispiel lautet die Interpretation: „In der Kanne dort ist frischer, heißer Kaffee." Im Arbeitskontext ist eine Aussage wie „Mein Kollege an der und der Schnittstelle ist inkompetent und unzuverlässig" ganz klar eine Hypothese und Bewertung, aber sicher keine Tatsachenbeschreibung.

Wenn Sie als Coach solche Unterschiede bewusst beachten, eröffnet sich Ihnen und Ihrem Coachee ein weites Feld von Erkenntnissen, Ideen und Handlungsoptionen.

!

Die bewusste Unterscheidung von Beschreiben, Erklären und Bewerten können Sie im Coaching nutzen,

- um zu merken, wann es wichtig ist, nach beobachtbaren Indikatoren für vorgebrachte Behauptungen zu fragen;
- um zu erkennen, wie Ihr Coachee sich die Dinge erklärt, welche inneren Bewertungen er vornimmt und welche Zusammenhänge es wohl zwischen seinen Hypothesen und Bewertungen auf der einen und den von ihm erzielten Handlungsfolgen auf der anderen Seite gibt;
- um Ihrem Coachee alternative Hypothesen und Bewertungen anzubieten, mit denen er möglicherweise günstigere Effekte erzielt.

Hypothesen prägen die Einstellung

Moritz Benkow ist schon seit einigen Jahren Führungskraft. Vor ungefähr acht Wochen hat er im Rahmen seiner eigenen Weiterentwicklung eine Stelle als Marketing-Teamleiter in einem für ihn neuen Produktbereich angetreten. Er spricht mit seinem Chef Thomas Stuthoff darüber, dass ein älterer Mitarbeiter in seinem Team, der wohl auch gerne die Teamleitungsstelle übernommen hätte, ihn in letzter Zeit mehrfach in „fachliche Fragespiele" verwickelt hätte, wohl um ihm „auf den Zahn zu fühlen". Moritz erzählt, dass er versuche, diese Gespräche immer sehr kurz zu halten, weil er die Vermutung habe, der Kollege suche möglicherweise nach einer Angriffsfläche, um dann bei passender Gelegenheit im Team zeigen zu können, dass „der Neue" inhaltlich keine Ahnung habe.

Sein Chef bringt eine andere Hypothese ins Spiel. Er meint, dass Moritz den Kollegen, der ein hohes Expertenwissen über die Produkte habe, gerade dadurch gewinnen könne, dass er ihn quasi als fachlichen Mentor anerkenne. Moritz versucht daraufhin, dem Kollegen mit der Einstellung, von ihm wertvolle Hinweise bekommen zu können, zu begegnen. Zwischen beiden entwickelt sich ein sehr gutes, vertrauensvolles und kooperatives Verhältnis.

Schwächen als Schattenseiten von Stärken betrachten

Unsere größten Fähigkeiten und Stärken sind uns besonders leicht verfügbar. Wir nutzen sie automatisch, um herausfordernde Situationen zu meistern und Probleme zu lösen. Unter Druck und Stress tun wir dies noch verstärkt. Wir greifen quasi instinktiv auf diejenigen Teile unserer inneren Programme zurück, die uns erfahrungsgemäß helfen, die Dinge in unserem Sinne zu regeln. Oft kommen wir damit zum Erfolg. Nicht selten produzieren wir dabei aber auch einseitige, unverhältnismäßige und über das Ziel hinausschießende Verhaltensweisen.

So neigt derjenige, der ohnehin schon sehr tough und durchsetzungsstark ist, unter Druck dazu, diese Seiten noch weiter hochzufahren, um nicht untergebuttert zu werden. Im Stress bekommt der Perfektionsorientierte tendenziell noch mehr Bedenken, dass die Dinge qualitativ aus dem Ruder laufen könnten, und braucht noch mehr Absicherungsstrategien. Der Schnelle wird noch schneller, um ja keine Zeit zu verlieren. Sie kennen vielleicht den Spruch: „Das Schlechte ist oft nichts anderes als des Guten zu viel." Dies gilt auch für den Einsatz persönlicher Stärken. Schwächen zeigen sich sehr oft genau da, wo Menschen ihre Stärken überziehen.

Als Coach sollten Sie diesen Zusammenhang immer im Auge behalten, wenn Sie einseitige oder unproportionierte Verhaltensweisen Ihres Coachees wahrnehmen, um ihn besser zu verstehen und auch besser an seine Erlebniswelt und seine Sichtweisen ankoppeln zu können.

> **!** Wenn Ihnen übertriebene und unangemessene Reaktionstendenzen Ihres Coachees auffallen, gehen Sie als Coach immer auch der Frage nach, inwiefern sich darin überschießende Stärken Ihres Coachees zeigen. Sie haben so eine größere Chance,

- die Motivation und die Beweggründe Ihres Coachees zu verstehen;
- an seine Sichtweisen anzukoppeln und ihm damit auch das Gefühl zu geben, verstanden zu werden;
- seine Stärken deutlich wahrzunehmen und zu fokussieren;
- ein Veränderungsthema ins Spiel zu bringen, das auf dem Ausbalancieren vorhandener Stärken beruht, statt auf dem Ausmerzen von Schwächen.

Wechselwirkungen und Interaktionsmuster identifizieren

Besonders in konflikthaften Situationen denken Menschen oft: „Die Welt wäre ein besserer Ort, wenn mein Gegenüber sich besser verhalten würde." Man erlebt sich als dem unangemessenen Verhalten eines anderen ausgesetzt. Der andere erscheint als (Übel-)Täter, man selbst als armes Opfer. So nachvollziehbar eine solche Sichtweise im Hinblick auf die persönliche Psychohygiene sein mag (schuld ist ja allein der andere, und deshalb ist er es auch, der sich ändern muss), so wenig angemessen ist sie. Für gewöhnlich sind es Wechselwirkungen aus dem Tun des einen und dem Tun des anderen, die zur beschriebenen Situation führen.

Eigenarten polarisieren sich immer mehr

Guido Buschmann ist analytisch und streng. Sein interner Schnittstellenpartner ist eher pragmatisch. Je pragmatischer und damit aus Sicht Guidos unzuverlässiger der Schnittstellenpartner agiert, desto strenger beharrt Guido auf seinen Forderungen. Der Schnittstellenpartner fühlt sich eingeengt und schlecht behandelt und reagiert noch pragmatischer. Guido wird daraufhin noch strenger …

Versuchen Sie gerade in schwierigen Situationen, zusammen mit Ihrem Coachee die Wechselwirkungen und Interaktionsmuster zu identifizieren. So finden Sie deutlich eher vernünftige Ansatzpunkte zum veränderten Handeln, da ja jeder der Beteiligten auch Akteur und nicht bloß Opfer ist. Zugleich wird es leichter, das Handeln beider Seiten zu verstehen, insbesondere wenn Sie der Frage nachgehen, welche guten Absichten bzw. welche Stärken hinter dem Vorgehen jedes Beteiligten stecken.

Vorgehensweisen planen

Wie wir schon gesehen haben, können Vorgehensweisen und Strategien, die Sie mit Ihrem Coachee planen, verschiedene Aspekte betreffen: das Handeln Ihres Coachees, seine inneren Einstellungen, Haltungen und Reflexionen sowie das durch Ihren Coachee oder Sie selbst angestoßene Handeln Dritter zur Unterstützung wichtiger Ziele.

> **!** Achten Sie beim Planen von Vorgehensweisen auf Folgendes:
>
> - Fokussieren Sie nur auf wenige, wichtige Punkte und erstellen Sie keine langen Maßnahmenlisten.
> - Achten Sie auf Konkretheit: Ihr Coachee sollte möglichst genau wissen, was es in welcher Weise zu tun gilt.
> - Machen Sie sich, insbesondere wenn Sie mehrere Coachinggespräche über einen längeren Zeitraum führen, Notizen, was Sie im Einzelnen verabredet haben – zumindest als Gedächtnisstütze für Sie.

Erfahrungen auswerten und metareflektieren

Ein zentraler Bestandteil im Coaching ist es, positive und negative Erfahrungen des Coachees zu reflektieren – sowohl diejenigen, die der Coachee mit der betreffenden Herausforderung schon vor dem Coaching gesammelt hat, als auch diejenigen, die er zwischen den Gesprächen hinzugewonnen hat. Hieraus gilt es abzuleiten, welche Vorgehensweisen zur Erreichung der jeweiligen Ziele beibehalten und welche verändert werden sollten. Die zentrale Methode der Erfahrungsauswertung ist Metareflexion. Lassen Sie uns diese Methode etwas näher betrachten, da Sie sie für alles nutzen können, was im Coaching relevant ist.

Metareflexion

Metareflexion bedeutet, „von oben", also gleichsam aus der Vogel- oder Beobachterperspektive auf ein Geschehen (zum Beispiel ein Gespräch oder ein Meeting) zu schauen. Damit verbunden ist die Frage, wie das Geschehen mit diesem Abstand wahrgenommen, erlebt und beurteilt wird. Metareflexion kann mitten im Geschehen oder im Vorfeld oder Nachgang dazu stattfinden. Man kann sie für sich selbst vornehmen (innere Reflexion) oder im Gespräch mit dem Gegenüber thematisieren (Metakommunikation).

Das Ziel von Metareflexion ist es, für sich bzw. mit dem jeweiligen Gesprächspartner klarer zu verstehen, was eigentlich geschieht, zum Beispiel welche wiederkehrenden Muster sich zeigen, und dann zu überprüfen, ob das gewählte Vorgehen bezogen auf die jeweiligen Ziele gut passt oder aber verändert werden sollte. Der wichtigste Wirkfaktor von Metareflexion ist die Herstellung eines guten Abstands. Dieser Abstand hilft, das Geschehen besser zu verstehen und das eigene Handeln in der Folge möglichst effektiv zu steuern.

Sie brauchen Metareflexion als wichtiges Analyse- und Steuerungsinstrument im Coaching im Hinblick auf den Umgang mit Umsetzungsstrategien, die Gestaltung des Coachingprozesses, die Selbststeuerungsfähigkeit Ihres Coachees und Ihre eigene Selbststeuerung als Coach. **!**

Solange bis Ihr Coachee in der Lage ist, die jeweiligen Herausforderungen eigenständig stabil zu meistern, gilt es, Erfahrungen Ihres Coachees gemeinsam zu reflektieren und die Umsetzungsstrategien, sofern erforderlich, immer wieder anzupassen. Ebenso geht es darum, Vorgehensweisen im Coachingprozess innerhalb des Coachingprozesses gemeinsam zu reflektieren, damit das gewählte Vorgehen zur Erreichung der Ziele möglichst optimal passt.

Je besser es Ihrem Coachee gelingt, eigene Impulse, Reaktionen, Haltungen etc. auch aus einer inneren Beobachterperspektive heraus wahrzunehmen und bei Bedarf zielorientiert auszubalancieren, desto besser wird er die sich ihm stellenden Herausforderungen meisten können. Für Ihren Coachee ist die Weiterentwicklung seiner Fähigkeit zur Metareflexion also in jedem Fall ein entscheidendes Lernfeld.

Schließlich brauchen gerade Sie als Coach immer wieder einen reflexiven Abstand zum Geschehen, um sich selbst gut steuern zu können. Was löst das, was Ihr Coachee sagt und tut, in Ihnen aus? Welche Gefühle und Impulse entstehen bei Ihnen? Welche Anhaltspunkte bekommen Sie daraus für die Situation und die Motivation, Bedürfnisse, Stärken und Schwächen Ihres Coachees und wie können Sie die von Ihnen gesammelten Eindrücke im Gespräch sinnvoll nutzen? Solche und ähnliche Fragen helfen Ihnen, Ihre eigenen Wahrnehmungen besser zu sortieren und Ihr Vorgehen als Coach möglichst effektiv zu fokussieren.

! Für die Wirksamkeit eines Coachings ist das flexible Wechseln von Inhaltsebene und Metareflexion ein zentraler Erfolgsfaktor. Als Coach bilden Sie dabei ein wichtiges Vorbild für Ihren Coachee.

Exkurs: Hilfreiche innere Einstellungen

Gesprächsmethoden sind nichts Mechanisches. Man kann sich die tollsten Methoden antrainieren und trotzdem ein ausgesprochen schlechter Coach sein. Dies hat hauptsächlich etwas mit den dahinterliegenden Einstellungen zu tun. Gesprächsmethoden werden dann produktiv wirksam, wenn sie von entsprechenden inneren Haltungen getragen sind.

Aus dem, was wir im Laufe des Buches besprochen haben, dürfte schon deutlich geworden sein, welche inneren Haltungen für einen Coach hilfreich sind. Lassen Sie uns dies noch einmal ganz explizit machen.

Wenn Sie erfolgreich coachen wollen, sind folgende Haltungen essenziell:

- Präsenz: Während eines Coachinggesprächs ist Ihre Aufmerksamkeit ungeteilt, Sie sind ganz und gar für Ihren Gesprächspartner und sein Thema da.
- Wertschätzung: Als Coach bringen Sie Ihrem Coachee Wertschätzung entgegen, ihm als Person sowie ihm in seiner Funktion und in seinen Sichtweisen. Letzteres heißt nicht, dass Sie alle seine Sichtweisen eins zu eins übernehmen müssen, Sie schauen aber, welche aus seiner Sicht guten Gründe er dafür hat.
- Zielorientierung: Bei allem, was Sie als Coach tun, haben Sie eine gute Erreichung der gemeinsamen Ziele vor Augen.
- Erkundungslust: Als Coach treibt Sie die Leidenschaft, die Phänomene und ihre Zusammenhänge genauer zu begreifen. Sie haben nicht die Haltung „Ich weiß schon

Bescheid", sondern „Ich möchte mit meinem Gegenüber zusammen näher hinschauen, um besser verstehen zu können".

- Multiperspektivität: Als Coach achten Sie darauf, dass alle Perspektiven relevanter Dritter (Kunden, Kollegen, Mitarbeiter etc.) hinreichend berücksichtigt werden, insbesondere dann, wenn Ihr Coachee dazu neigt, die Dinge einseitig zu sehen.
- Ressourcenorientierung: Sie fokussieren als Coach die Fähigkeiten Ihres Gegenübers und gehen davon aus, dass er schier unendlich viele davon hat. Schwächen betrachten Sie als Schattenseiten von Stärken.
- Vertrauen: Sie haben Vertrauen in Ihren Coachee, den gemeinsamen Coachingprozess und in sich selbst als Coach – gerade auch dann, wenn es mal nicht so gut läuft.
- Engagement und Distanz: Sie sind hoch engagiert für die Sache Ihres Coachees und sind gleichzeitig in der Lage, immer wieder einen guten Reflexionsabstand herzustellen.
- Nutzenmaxime: Sie gehen davon aus, dass sich alles, was im Coaching passiert, für den gemeinsamen Prozess fruchtbar nutzen lässt – auch wenn Sie gerade auf Widerstand stoßen oder nur geringer Fortschritt zu verzeichnen ist.

Wenn es nur an einer der aufgeführten Haltungen deutlich mangelt, kann das alles zum Kippen bringen! Reflektieren Sie deshalb Ihre inneren Haltungen immer wieder.

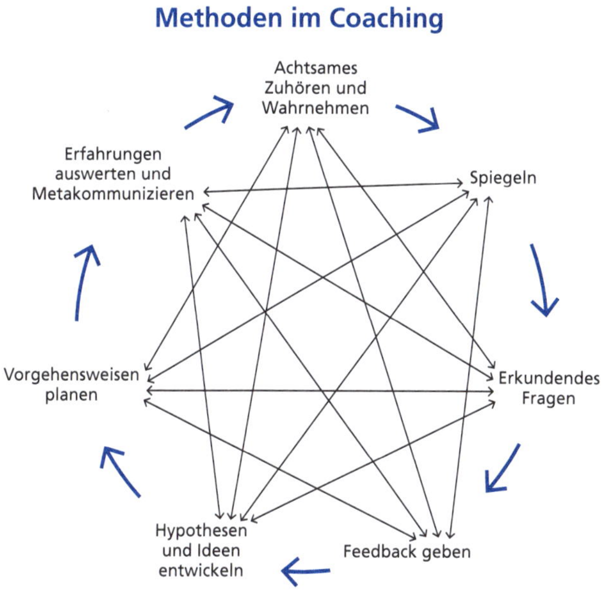

Abb. 3: Methoden im Coaching

Auf den Punkt gebracht

Als Coach nutzen Sie Methoden, die man grundsätzlich auch in ganz normalen Gesprächssituationen verwendet. Sie setzen sie allerdings besonders bewusst, bedarfsorientiert und zielgerichtet ein. Diese Methoden sind: achtsames Zuhören und Wahrnehmen, Spiegeln, erkundendes Fragen, Feedback geben, Hypothesen und Ideen entwickeln, Vorgehensweisen planen, Erfahrungen auswerten und Metakommunizieren.

Damit Ihr methodisches Vorgehen im Coaching substanzielle Wirksamkeit entfalten kann, brauchen Sie bestimmte innere Haltungen, insbesondere: Präsenz, Wertschätzung, Zielorientierung, Erkundungslust, Multiperspektivität, Ressourcenorientierung, Vertrauen, Engagement und Distanz sowie die Einstellung, alles – was auch immer passiert – nutzen zu können.

Wie unterstützen Sie als Coach Ihr ganzes Team?

Chef-Mitarbeiter-Coaching heißt, Ihre Mitarbeiter als Sparringspartner in herausfordernden Situationen so zu unterstützen, dass Ihre Mitarbeiter bestmögliche eigene Lösungen finden. Der klassische Fall einer solchen Unterstützung, auf den wir bisher auch schwerpunktmäßig geschaut haben, ist die 1:1-Konstellation, bei der Sie als Chef einen Ihrer Mitarbeiter in Bezug auf eine spezifische Thematik coachen.

Gleichzeitig ist allerdings auch klar, dass Coaching in hohem Maße auch relevant für das Geschehen in Ihrem Team ist. Schon als wir über die Voraussetzungen von Coaching gesprochen haben, haben wir gesehen, dass es bestimmte Qualitäten in Ihrer Führungs- und Teamkultur braucht, damit Coaching überhaupt möglich wird. Wenn Mitarbeiter Sie als Chef nicht als wertschätzend, vertrauenswürdig und konstruktiv in Ihrem Feedback, Ihrer Kommunikation und Führung erleben, ist kaum zu erwarten, dass einzelne Mitarbeiter das Vertrauen und die Bereitschaft aufbringen, mit Ihnen als Chef über persönlich sensible Themen offen ins Gespräch zu gehen. Die Möglichkeit des Coachings einzelner Mitarbeiter ist also an das Vorhandensein einer positiven Führungs- und Teamkultur gebunden. Umgekehrt werden positive Coachingerfahrungen einzelner Mitarbeiter aber auch zu einer Stärkung von Vertrauen, Offenheit, Dialog- und Lernbereitschaft im Team beitragen.

! *Wechselseitige Verstärkung*

Fruchtbare Coachingerfahrungen zwischen Ihnen als Chef und Ihren Mitarbeitern setzen eine konstruktive Führungs- und Teamkultur voraus und werden eine solche Kultur umgekehrt weiter verstärken.

Auch wenn Ihr Fokus gerade darauf liegt, als Sparringspartner einen einzelnen Mitarbeiter in einer für diesen herausfordernden Situation individuell möglichst gut zu unterstützen, tun Sie also etwas, was immer auch in Bezug auf Ihr ganzes Team Voraussetzungen braucht und Auswirkungen hat.

Darüber hinaus gibt es auch Situationen, in denen Sie nicht einen einzelnen Mitarbeiter, sondern Ihr ganzes Team als Sparringspartner unterstützen. Für die Frage, wann dies sinnvoll ist, gelten grundsätzlich die gleichen Kriterien wie für ein 1:1-Coaching – nur eben übertragen auf Ihr ganzes Team. Wenn es um ein für Ihr Team insgesamt wichtiges Thema geht, die Mitglieder Ihres Teams das Potenzial haben, das Thema gut zu lösen, die Teammitglieder dabei aber mit ihren bisherigen Vorgehensweisen an Grenzen stoßen, sie zugleich die Bereitschaft haben bzw. entwickeln, mit Ihnen als Coach an dem Thema substanziell zu arbeiten, dann ist es sinnvoll, dass Sie als Chef Ihr Team coachen.

Bei welchen Themen und Anlässen kann ein solches Teamcoaching durch Sie als Chef wichtig sein? Viele typische Themenbereiche sind auch hier denjenigen des 1:1-Coachings vergleichbar.

Wann Coaching des Teams angesagt ist

- ✓ Ihre Mitarbeiter müssen z. B. als Folge eines Change-Projekts in neue Rollen, Strukturen oder Prozesse hineinwachsen, die deutlich andere Anforderungen als die bisherigen mit sich bringen.
- ✓ Die Teammitglieder zeigen immer wieder Verhaltensweisen, die kritische Effekte bei Kunden, Schnittstellen-, Kooperationspartnern oder anderen wichtigen Anspruchsgruppen zur Folge haben.
- ✓ Die Teammitglieder tun sich z. B. bedingt durch eine sehr hohe Arbeitsdichte oder besonders ‚laut rufende' Anspruchssteller schwer mit sinnvollen Priorisierungen.
- ✓ Zwischen einigen oder sogar allen Teammitgliedern gibt es immer wieder Spannungen und Konflikte z. B. in Bezug darauf, wie beliebtere und unbeliebtere Aufgaben verteilt werden, wer welche Befugnisse hat oder wer wann Urlaub nehmen darf.

Das Team in solchen und ähnlichen Situationen als Sparringspartner zu unterstützen ist oft ausgesprochen fruchtbar – und zwar sowohl unter dem Gesichtspunkt der Sache als auch dem der Teamdynamik. Gutes Teamcoaching wird – ähnlich wie beim 1:1-Coaching – helfen, dass die Mitarbeiter die Situation, relevante Kontextbedingungen, unterschiedliche Perspektiven und Bedürfnisse, deren Hintergründe, Ausdrucksformen und Zusammenhänge besser verstehen und möglichst geeignete Lösungsoptionen finden. Auf der Sachebene lassen sich so oft deutlich bessere und nachhaltigere Lösungen erzielen, als wenn einzelne Teammitglieder oder Sie als Chef situativ, nach eigenem Ermessen und eher unabgestimmt urteilen und handeln. Für das Team sind solche gecoachten Klärungs- und Problemlösungsprozesse auch deshalb hilfreich, weil sie das Verständnis der Teammitglieder untereinander erhöhen, Kreativität und Verantwortungsübernahme der Teammitglieder fördern und das Wir-Gefühl durch den gemeinsam durchlaufenen Lösungsfindungprozess und gemeinsam erreichte Problemlösungen stärken.

Vom Prozess her geht es dabei um die gleichen Phasen wie im 1:1-Coaching. Es gilt Anliegen und Ziele zu klären, die Situation gemeinsam zu erkunden, Hypothesen und Lösungsideen zu entwickeln, Vorgehensweisen zu planen, Geplantes umzusetzen und Umgesetztes zu reflektieren und auszuwerten. Auch die Methoden, die Sie als Coach und hoffentlich mehr und mehr auch die anderen Teammitglieder verwenden, entsprechen denen des Coachings mit nur einem Gesprächspartner: achtsames Zuhören und Wahrnehmen, Spiegeln, erkundendes Fragen, Feedback geben etc.

Zwei Punkte sind allerdings deutlich anders und beachtenswert, wenn Sie als Chef nicht nur einen Ihrer Mitarbeiter, sondern das ganze Team coachen: zum einen haben Sie es hier mit einem Gruppenprozess zu tun, und der bringt andere Dynamiken und Herausforderungen mit sich als ein Gespräch zu zweit. Und zum anderen, da es ja beim Teamcoaching um Themen geht, die potenziell oder tatsächlich alle Teammitglieder betreffen, stellt sich natürlich die Frage nach Ihrer Rolle; denn als Teammitglied, das Sie selbst ja auch sind, sind Sie nie nur Coach, sondern immer auch Beteiligter und vielleicht sogar Partei.

Lassen Sie uns zuerst auf den zweiten Punkt schauen, Ihre Rolle im allgemeinen Teamthema. Um als Coach wirksam sein zu können, brauchen Sie einen guten Abstand zum Geschehen. Sonst laufen Sie Gefahr, mit Ihren eigenen blinden Flecken und Einseitigkeiten eine gute Problemklärung und -lösung systematisch zu unterminieren. Dies ist besonders entscheidend, wenn es um Konflikte geht. Sind Sie selbst bei einem Konflikt in Ihrem Team Partei oder werden so wahrgenommen, so können Sie natürlich wie jeder andere Konfliktbeteiligte auch klärende Gespräche mit den anderen Beteiligten suchen; ob Sie bei einer solchen Konfliktklärung aber als Coach helfen können, muss zumindest als höchst fraglich gelten. Hier sollten Sie überlegen, ob Sie nicht einen neutralen Dritten – einen externen oder internen Coach bzw. Konfliktmoderator – hinzuziehen, jedenfalls dann, wenn trotz mehrfacher Versuche von Ihrer Seite aus der Konflikt sich nicht zufriedenstellend lösen lässt.

Ähnlich sieht es aus, wenn nicht nur Ihre Mitarbeiter sich schwer tun, neue Rollen, Prozesse oder Strukturen kraftvoll mit Leben zu füllen, sondern auch sie selbst Bedenken, Schwierigkeiten, Ambivalenzen dabei empfinden. Auch hier dürfte es sinnvoll sein, neben dem, was Sie im Team direkt dazu bewegen können, einen Dritten als Coach zu nutzen.

Rollenkonflikte im Auge behalten

Das Team als Sparringspartner bei herausfordernden Themen zu unterstützen, eröffnet die Chance auf effektivere und nachhaltigere Lösungen und stärkt das Wir-Gefühl. Je mehr Sie allerdings selbst dabei in Rollenkonflikte geraten, weil Sie Partei in einem bestehenden Konflikt sind oder ähnliche Schwierigkeiten wie Ihre Teammitglieder mit bestimmten Veränderungen haben, desto wichtiger kann es werden, einen neutralen Dritten als Coach bzw. Konfliktmoderator hinzuzuziehen.

Der zweite wichtige Unterschied zwischen 1:1- und Teamcoaching besteht darin, dass Sie es als Teamcoach mit Gruppen- bzw. Teamdynamik zu tun bekommen. Auch Gespräche mit nur einem Gegenüber können je nach Person, Thema und Situation ausgesprochen anspruchsvoll werden. Teamdynamik ist daher nicht notwendigerweise schwieriger zu handhaben, in jedem Fall ist sie aber anders.

Hier werden Ihnen Phänomene begegnen, die einen produktiven Coachingprozess nicht nur erleichtern. Extrem häufig sind z. B. Unterschiede in Redeanteil, Rede- und Persönlichkeitsstil von Teammitgliedern. Manche Teammitglieder sind besonders zurückhaltend, andere sind kaum zu stoppen. Einige äußern sich immer sachlich-nüchtern, andere bunt, emotional und anekdotisch. Einige sind offensiv und konfliktfreudig, andere defensiv und harmonieorientiert. Einige sind experimentierfreudig und offen für Neues, andere lieben das Bewährte und wollen es bewahren. Hinzu kommen noch Auswirkungen unterschiedlicher Beziehungsqualitäten zwischen einzelnen Teammitgliedern, also Phänomene bedingt durch Unterschiede in Bezug auf Sympathie, Vertrauen, gefühlte Verbundenheit etc. Und zu guter Letzt wird auch die Haltung zum jeweiligen Thema nicht bei allen Teammitgliedern die gleiche sein. Was für den einen total wichtig und diskussionswürdig ist, kann dem anderen ganz nebensächlich und nicht der Rede wert erscheinen. Wenn

Sie als Coach mit Ihrem ganzen Team arbeiten, begegnen Ihnen also mehr oder weniger heftig die Herausforderungen von Gruppenmoderation.

> Suchen Sie sich Gelegenheiten, um die Moderation anspruchsvoller Gruppenprozesse zu trainieren. Es wird Ihnen zu Gute kommen: als Coach für Ihr Team, aber auch generell für das Verständnis und den Umgang mit komplexen sozialen Prozessen.

Versuchen Sie gerade dann, wenn das Coaching mit Ihrem Team schwierig werden sollte, auf Folgendes besonders zu achten:

- Schaffen Sie möglichst ein gemeinsames Problembewusstsein und Veränderungsinteresse! Hierbei hilft der Blick auf die Folgen: Was passiert, wenn wir alles so weiter machen wie bisher?
- Arbeiten Sie mit der inneren Haltung, dass sich jeder Beitrag produktiv nutzen lässt! Auch in dem, was Ihnen als Widerstand erscheint, stecken wichtige Bedürfnisse und Punkte, die es soweit wie möglich zu integrieren gilt.
- Achten Sie auf eine gute Balance von Struktur und Offenheit! Ein Teamprozess braucht mehr strukturierenden Rahmen als ein Einzelgespräch. Spüren Sie, wo die Energie in dem Thema steckt, der es Raum zu geben gilt.

Auf den Punkt gebracht

Coaching, auch das Coaching einzelner Mitarbeiter, ist immer teamrelevant, da es eine konstruktive Team- und Führungskultur voraussetzt und umgekehrt eine solche Kultur fördert. Neben Situationen, in denen Sie als Chef einzelne Mitarbeiter coachen, gibt es auch Situationen, z. B. im Zusammenhang mit herausfordernden Veränderungen, in denen es sinnvoll ist, mit dem ganzen Team als Coach zu arbeiten, um möglichst nachhaltige und konsensuale Ergebnisse zu erzielen. Im Auge behalten sollten Sie hierbei allerdings Rollenkonflikte, in die Sie hineingeraten können und komplexe Teamdynamiken, die es – eventuell von einem externen Coach – zu moderieren gilt.

Coachingkultur weiterentwickeln

Je wirksamer Sie Ihre Mitarbeiter als Coach unterstützen, umso mehr aktivieren und entfalten sich die Potenziale der Einzelnen und des gesamten Teams. Natürlich werden Sie vor allem in einem größeren Team nicht jeden gleichermaßen erreichen. Sie können aber darauf bauen, dass, wenn Sie auf Kurs bleiben, immer mehr eine Kultur entsteht, die durch ein hohes Maß an Partnerschaftlichkeit, Wertschätzung, Vertrauen, Klarheit, Lernorientierung und Unterstützungsbereitschaft geprägt ist. Es wird immer selbstverständlicher werden, dass Sie in schwierigen Situationen ein guter Sparringspartner für Ihre Mitarbeiter und für das Team als Ganzes sind, so wie auch umgekehrt Ihre Mitarbeiter Sie und einander wechselseitig gut unterstützen werden. Eine sich weiterentwickelnde Coachingkultur bringt ebenso ein größeres Wir-Gefühl, einen stärkeren Teamspirit wie auch eine größere Wirksamkeit und Potenzialentfaltung bei allen Beteiligten hervor.

Auch wenn Ihre Rolle als Coach nur eine unter sehr verschiedenen Rollen ist, die Sie als Führungskraft wahrnehmen: Wenn Sie diese Rolle ernsthaft und konsequent mit Leben füllen, werden Sie eine neue Qualität in Ihrer Team- und Führungskultur erreichen, die Ihnen, Ihren Mitarbeitern und Ihrer Organisation spürbar zu Gute kommen wird. Ich wünsche Ihnen dabei viel Erfolg und gute Erfahrungen!

Der Autor

Stefan Hölscher, geboren in Hildesheim, studierte Philosophie, Psychologie, Germanistik und Geschichte (Dr. phil., Dipl. Psych., M.A.). Er arbeitet als Managementberater, Trainer, Coach und Autor. Als Berater, Trainer und Coach ist er für zahlreiche internationale Großunternehmen tätig und geschäftsführender Partner der Metrion Management Consulting in Frankfurt a. M. (www.metrionconsulting.de). Zu seinen Schwerpunktthemen gehören: Führung, Coaching, Persönlichkeit, Gesundheitsmanagement, Konfliktklärung und Change Management. Als Autor schreibt er Artikel und Bücher in den Bereichen Psychologie, Management und Lyrik (www.lyrik-kontra-bass.de).

Mein Dank gilt Ulrike Hensel für das sehr professionelle und umsichtige Textcoaching.

Impressum:
Verlag C. H. Beck im Internet: www.beck.de
ISBN: 978-3-406-67415-0

Wilhelmstraße 9, 80801 München

Lektorat: Text + Design Jutta Cram, 86157 Augsburg,
www.textplusdesign.de
Umschlaggestaltung: Ralph Zimmermann – Bureau Parapluie
Umschlagbild: © ARochau – fotolia.de
Satz: Fotosatz Buck, Kumhausen
Druck und Bindung: Beltz Bad Langensalza GmbH
Neustädter Str. 1–4, 99947 Bad Langensalza

Gedruckt auf säurefreiem, alterungsbeständigem Papier
(hergestellt aus chlorfrei gebleichtem Zellstoff)